中国石榴传奇

郝兆祥　吴成宝　李永峰◎主编

中国林业出版社

图书在版编目 (CIP) 数据

中国石榴传奇 / 郝兆祥 , 吴成宝 , 李永峰主编 . --
北京 : 中国林业出版社 , 2022.9

ISBN 978-7-5219-1808-3

Ⅰ . ①中… Ⅱ . ①郝… ②吴… ③李… Ⅲ . ①石榴—
文化—中国 Ⅳ . ① S665.4

中国版本图书馆 CIP 数据核字 (2022) 第 147276 号

策划、责任编辑：张华

出版发行　中国林业出版社
　　　　　（北京市西城区德内大街刘海胡同 7 号）

邮　　编　100009

电　　话　（010）83143566

印　　刷　北京博海升彩色印刷有限公司

版　　次　2022 年 9 月第 1 版

印　　次　2022 年 9 月第 1 次

开　　本　710mm×1000mm　1/16

印　　张　14.5

字　　数　300 千字

定　　价　88.00 元

编辑委员会

主　任

崔　晖

副主任

吴成宝　　李志强

主　编

郝兆祥　　吴成宝　　李永锋

副主编

魏士省　　马　静　　罗　华　　侯乐峰　　颜廷峰

其他参编人员

陆现强　　毕润霞　　陈　颖　　赵丽娜

王艳芹　　孟　健　　马　敏　　褚　莉

杨文玲　　徐　博　　刘浩然　　郑　杰

雨后榴园（洪晓东摄影）

序

Foreword

　　石榴原产伊朗、阿富汗和高加索等中亚地区，向东传播到印度和中国，向西传播到地中海周边国家及世界其他各适生地。学者普遍认为，石榴是由西汉时经丝绸之路传入中国，首先在新疆叶城、疏附一带盛行栽培，而后传入陕西、河南、山东、安徽等地。通过2000多年的繁殖发展，其分布范围几乎遍及全国各地。

　　随着石榴在各地长期的、广泛的栽培，也产生了多姿多彩的石榴文化。石榴文化是榴乡人民所创造的精神财富，反过来对石榴经济的发展具有巨大的推动作用。目前，中国是世界上重要的石榴生产大国，种植规模和产量均居世界前列。这无疑是得益于石榴科学技术进步和石榴文化引领的双重推动。改革开放以来，石榴主要产地都立足自有的资源禀赋开展了丰富多彩的石榴文化节会等活动，在宣传石榴产品和产地，促进石榴生产和消费，推动石榴产业、石榴生态旅游、石榴文化等发展上均起到了积极的推动效果。

　　但多年来，人们大多注重石榴经济的技术开发，而很少对它的文化内涵进行研究。可喜的是，山东省枣庄市石榴研究中心正高级工程师郝兆祥及其团队，依托当地历史悠久的石榴栽培经验和丰富的石榴种质资源，长期致力于石榴种质资源收集保存、创新利用等科研推广的同时，也致力于石榴传说、典故、故事等石榴文化领域的收集、研究，继2019年出版《中国石榴文化》之后，将其石榴传说、典故等收集、研究成果编撰成书，以期为促进我国石榴文化、旅游产业可持续发展提供强大的、持久的、内在的动力。

　　石榴是经济产业链最长的树种之一，也是文化内涵多样性和美好象征意义丰富的树种，其独特的花、叶、枝、干、果实等形态特征，以及春华秋实、果实多籽等特性，使其极具社会价值，成为历代文人墨客吟咏的对象和古人最喜爱的植物之一，赋予了诸多神话传说和典故，并被赋予了以吉祥为中心的象征意义，在漫长的人类历史中演化成为一种文化植物。石榴作为人民崇尚吉祥、向往和谐、追求幸福的"精神属性"，与中华民

仙人利榴子皮未死堕上句题蝶子脐红玛瑙不浪重问鲜荔支戊午秋吴昌硕

吴昌硕（1844—1927）《石榴图》

族的传统文化已是水乳交融，并随着时代的变迁赋予了新的含义，是一笔不可替代的重要精神财富。翻开《中国石榴传奇》书稿，每一篇文章中的石榴，无不是美丽与善良的化身，正义与勇敢的象征，牺牲与奉献的载体。这也正是石榴文化的精髓——石榴精神之所在。

全书内容融文学性与知识性、学术性与趣味性于一体，更是弘扬真善美、惩恶扬善、不畏强权、坚强果敢等正能量精神的、具有较强教育意义的好教材，是国内第一部以中国石榴传说、典故为视角的专题著作，相信定会为相关科研工作者和植物文化爱好者以及社会思想工作者提供崭新的借鉴。

南京林业大学教授、博士生导师
国际园艺学会石榴工作组主席　范兆和

2022年6月18日

前言

Preface

  《中国石榴传奇》是枣庄市石榴研究中心十余年来系统研究石榴文化的一个组成部分，是《中国石榴文化》的姊妹篇。

  石榴自传入中国以来，尤其是改革开放以来，石榴产业迅速发展，以节会为特色的石榴文化活动方兴未艾，产业发展带动石榴科技、文化研究，科技、文化研究驱动产业发展的态势正在形成。但是到目前为止，石榴文化、石榴传说等研究仍然远远滞后于石榴科技创新和石榴产业的发展。为此，我们借鉴植物文化研究一般经验和方法，以搜集、整理各地域与石榴有关传说、典故、故事为主线，进行了系统地归纳、总结，以期业界先学批评指正。

  本书分上篇、中篇、下篇。上篇为石榴神话传说，主要是陕西、河南、山东、安徽、云南、新疆等地的石榴神话传说38篇，比如石榴传入中国的美丽传说、崔玄微与石榴花仙子、榴花和石郎等。中篇为石榴故事传说，主要是陕西、河南、山东、安徽、云南、新疆等地的石榴故事传说33篇，比如封疆史善结河阴石榴缘，石榴皮染布的故事，李道长拾"笨子"，东海孝妇，花哥哥、花妹妹的传说等。下篇为石榴典故，主要是石榴传入中国以来的典故44篇，比如榴开百子、拜倒在石榴裙下、石榴花神阿措、杨贵妃手植榴、石榴花塔、"榴花源"传说、冠世榴园、石榴盆景之都——峄城区等。附录则收录部分国外的石榴传说，比如石榴与春夏秋冬的传说、九子母神的传说等。

  本书既可作为高等院校果树学等专业森林文化、植物文化教学的参考书和石榴集中产地的乡土教材，也可供石榴科研、生产、经营从业人员和对石榴文化感兴趣者借鉴和参考。我们期待，本书的出版发行将会对国内石榴文化研究、石榴产业发展起到积极的促进作用。

  这本书的出版，相较《中国石榴文化》来说，出版的过程更费周折。因为《中国石榴文化》是编著,有创造,有收集;而《中国石榴传奇》重点是编写,主要是把别人采录过的或别人发表过的收集起来,编撰成为一本书,较少创造。书籍编写者正是出于对石榴、对石榴文化的热爱,才有了把散见于报刊、书籍、网络等的石榴传说、典故编写成为一本书的想法。有些文章的版权不明,本书编者们和中国林业出版社商量了很长时间,商量出解决办法,才有这本书的付梓出版。其中,流传于山东、安徽、河南等地的石榴传说,主要来源于《艺术天地》《怀远石榴》《荥阳石榴》《石榴楹联》《石榴文化艺术与功能利用》等刊物、书籍,我们征得了其中部分作者的同意。而流传于陕西、云南、江苏、新疆等地传说,散见于书籍、报刊、网络等,有的有作者署名,有的无作者署名,因为时间和距离都很遥远,很难与原来的作者取得联系。而这些石榴传说、典故,又能从一个侧面充分说明中国石榴文化的深厚、深刻,所以很难割舍。希望原作者或版权者一旦获悉,请与我们联系,再版时会尊重原作者意愿予以更正或删除。在此,深表谢意。

本书编辑过程中,得到了原枣庄市林业局副局长王家福、原枣庄市峄城区政协副主席梁仁言以及国内众多石榴生产、科研领域同仁和石榴摄影爱好者的大力支持。基于精益求精的宗旨,书中选用了个别近代画家有关石榴的画作,因为条件限制,无法联系到相关作者,在此表示谢意。本书的出版,得到了枣庄市峄城区人民政府、枣庄市石榴研究中心(峄城区石榴研究院)的大力支持,在此一并表示最诚挚的感谢!

由于编者水平和掌握资料有限,本书难免有遗漏和错误、不足之处,敬请读者不吝赐教,给予批评指正。

郝兆祥

2022年6月于山东枣庄

目录 CONTENTS

目录 CONTENTS

宋 佚名《榴枝黄鸟图》

上篇

石榴神话传说

石榴传入中国的美丽传说

　　汉武帝时期，张骞出使西域，住在安石国的国宾馆里，国宾馆门口一株花红似火的小树，张骞非常喜爱，但从没见过，不知道是什么树，园丁告诉他是石榴树，张骞一有空闲就要站在石榴树旁欣赏石榴花，后来，天旱了，石榴花叶日渐枯萎，于是张骞就担水浇那棵石榴树，石榴在张骞的灌浇下，叶也返绿了，花也伸展了。

　　张骞在安石国办完公事，就要回国的那天夜里，正在屋里画通往西域的地图。忽见一个红衣绿裙的女子推门而入，飘飘然来到跟前，施了礼说："听说您明天就要回国了，奴愿跟您同去中原。"张骞大吃一惊，心想准是安石国哪位使女要跟他逃走，身在异国，又身为汉使，怎可惹此是非，于是正颜厉色说："夜半私入，口出不逊，出去出去，快些出去了！"

宋　鲁宗贵《吉祥多子图》

吴昌硕（1844—1927）《石榴图》

那女子见张骞搀她，怯生生地走了。

第二天，张骞回国时，安石国赠金他不要，赠银他不收，单要宾馆门口那棵石榴树。他说："我们中原什么都有，就是没有石榴树，我想把宾馆门口那棵石榴树起回去，移植中原，也好做个纪念。"安石国国王答应了张骞的请求，就派人起出了那棵石榴树，同满朝文武百官给张骞送行。

张骞一行人在回来的路上，不幸被匈奴人拦截，当杀出重围时，却把那棵石榴树失落了。人马回到长安，汉武帝率领百官出城迎接。正在此时，忽听后边有一女子在喊："天朝使臣，叫俺赶得好苦啊！"张骞回头看时，正是在安石国宾馆里见到的那个女子，只见她披头散发，气喘吁吁，白玉般的脸蛋上挂着两行泪水。张骞一阵惊异，忙说道："你为何不在安石国，要千里迢迢来追我？"那女子垂泪说道："路途被劫，奴不愿离弃天使，就一路追来，以报昔日浇灌活命之恩。"她说罢扑地跪下，立刻不见了。就在她跪下去的地方，出现了一棵石榴树，叶绿欲滴，花红似火。汉武帝和众百官一见无不惊奇，张骞这才明白了是怎么回事，就给武帝讲述了在安石国浇灌石榴树的情景。汉武帝一听，非常喜悦，忙命武士将石榴树刨起，移植御花园中。

从此，中原就有了石榴树。

不要迷信我，有病请吃石榴吧

明 吕纪《石榴双喜》

许多年以前，天宫一位公主得到一颗菱形的宝石。它光彩夺目，价值连城。更珍贵的是能治病，就是神仙有了病，含到口中也能立刻病除。公主用十万黄金，买了个金匣子，用红绸包着宝石，放入匣内锁到柜里。一天公主无事，取出金匣子打开盖，宝石透过红绸放出五颜六色的光彩，满屋金碧辉煌，公主高兴得手舞足蹈。不慎，她碰翻了金匣子，宝石跌落下去了。公主再找不到宝石，哭着禀报父王。父王派遣八千精兵，找了很久也没有找到。公主思念宝石忧虑成病，终日卧床。

宝石从天宫一直往下飘落，一条恶龙想吞掉宝石，喷云吐雾，追踪截击。红绸脱离在半空中化为彩虹。宝石孤身力排万难，历尽难险，饱尝多年被追逐之苦，终于来到大地，隐身在泥土里。经过日晒雨滋，生长出一棵石榴树，年年开花结果，为人类作出无私的奉献。

公主病卧在床，一天，她看到天花板上，有石榴籽组成的两行字：锁在深闺何所用？不如下凡到人间。公主受到启迪，就下凡了。到人间吃了鲜美的石榴，她身体康复了，于是落户人间，人们称她三仙女。有不明真情的人，向她烧香求药，她含笑说："不要迷信我，有病请吃石榴吧！"

（麻兆东）

临潼石榴的传说

关于临潼石榴，有一个美丽的传说。有一年，安石国王子到了山林里打猎，看到了一只快要冻死的金翅鸟，急忙把它抱回宫里，又是喂食又是治病。金翅鸟为了报答王子的救命之恩，把红宝石撷到安石国的御花园。不久，御花园就长出了一棵花红叶茂的奇树。安石国国王给它赐名为"石榴"。

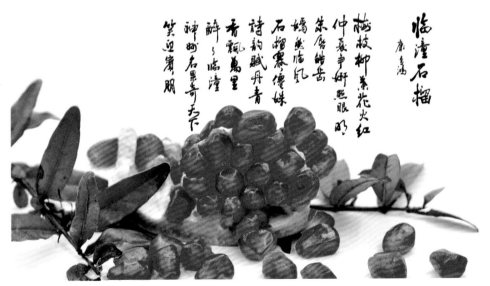

临潼石榴（张迎军摄影）

临潼石榴（张迎军摄影）

后来，安石国大旱。赤地千里，就连御花园里的石榴树也奄奄一息了。恰在这时，张骞出使西域，便把汉朝的兴修水利的经验告诉他们，救活了庄稼，也救活了石榴树。这一年，石榴花开得特别红，果儿也结得特别的大。张骞回国的时候，国王给他许多奇珍异宝，张骞一一谢绝，只要了一颗石榴。

张骞回国的路上，看见路边躺着一个姑娘，姑娘已奄奄一息，张骞想姑娘路途遥远，饿了，渴了，才晕倒了。由于没有别的药物，张骞才不得不拿出国王赠予他的石榴，放到姑娘嘴里，过了一会儿，姑娘果然苏醒了，告诉张骞：她是汉室人，被飓风吹卷到此，请求乘顺车回家。

车到长安，停滞在皇宫门前，忽然，听到一阵笑声，姑娘不见了，却只见一株枝繁叶茂、花红似火的石榴树长在路旁。张骞把此等异事奏知皇上，并亲眼看见那棵石榴树，汉武帝见了十分喜爱。命人把石榴树移到骊山温泉宫里栽培，石榴从此便在临潼安了家。

石榴的由来

据说，很早以前，在临潼的山上住着父子俩。儿子年近三十，还没娶上媳妇，对年近八十的老父亲非常孝敬。儿子每天上山砍柴维持生活。

有一天，他进山砍柴。忽然看到一只小白鹿，这鹿光秃秃的，身上没有一根毛。这位青年很奇怪，打了十几年柴，还从没见过这样的鹿，就走过去看。小白鹿见青年来了，转身就走，青年走它也走，青年停下它也停下。青年说，今天我倒要看看它往哪儿走。一会，小白鹿走到一个小山洞前，小白鹿先点了点头，就进去了。随后，这位青年也跟着进去。刚走不远，前面有道金光，他借着光往前走，走了不一会，青年看到前面又有山又有水，还有树有花，加上金光的点缀，真如仙境一般。

青年走到一棵树下，一位鹤发老人走过来，说："我早听说你的为人，你的孝心被人传诵。今天你来了，就别走了，替我看管果树。"老人说完，青年心里有点害怕，忙说："我有老父在家，须我照管，多谢老人的好意。"老人见这位青年心地好，有孝心，就说："知道你的孝心真诚，那我就不留你了，你不愿留下，就把这棵石榴树送给你。"青年手捧石榴树，辞别鹤发老人，就回家了。他把这棵石榴树种在自己的院子里，很快结出了又大又红的石榴。乡亲们知道后，纷纷前来观看。青年把石榴分给乡亲们品尝，并把种子散播到各家各户。从此，石榴就遍布临潼。

陕西人对石榴有特殊感情，他们把石榴看作是人的心，如火一样红。每逢青年男女订婚，男方表示对女方的爱慕之心或是遇到亲戚朋友结婚，都要送上以石榴为标志的枕头。

(汪澎)

石榴与两兄弟

　　从前有兄弟两人，从小父母双亡，家里再没有别的亲人了。父母留给他们的只是一间破草房、一头老黄牛和几分薄地。弟弟特别喜爱这头老黄牛，因为耕地、干活都得靠它，所以弟弟即使再累，每天都要割些青草喂它。哥哥可不管这些，整天想的是怎样把弟弟撵走，好独占牛和地。

　　一天，弟弟干完地里的活，又割了一筐青草，累得满头是汗。可他一进家门，哥哥就把弟弟叫过去说："弟弟，你也不小了。俗话说，树大分杈，人大分家。我们打今日起，分开过吧。"弟弟一听，呆了，他从来没想过这样的事，半天说不出话来。哥哥接着又说了："咋了？迟分早分，早晚总是要分的呀！"弟弟一想，也对，于是望着哥哥，含着眼泪点了点头。哥哥看弟弟同意了，高兴地把原先就想好了的馊点子说了出来："弟弟呀，其实呢，咱家也没有什么可分的。地呢，我是哥哥，当然要多分一点，这样吧，三分地，你得一分。可牛呢？不能分成两半吧？这样吧，咱们俩都去牵牛，这牛愿意跟谁走，就属于谁。不过我是哥哥，你是弟弟，我牵牛头，你牵牛尾吧，这样是很公平的。"

　　弟弟心里明白哥哥是想让他吃亏，想独占老黄牛，可又一想，毕竟是亲兄弟呀，再没别的亲人了，他想要，就让他牵走呗。于是他同意了哥哥的分法。当然，牛是哥哥拉走了。不过，哥哥把牛身上的一只小牛虻分给了弟弟。

　　从此弟弟就和这小牛虻在一起过日子。这牛虻也很听话，总是和弟弟在一起玩耍，也不飞走，弟弟也很喜爱它，常常把它捧在手里，怕别的鸟虫伤害它。一次，弟弟带着小牛虻到舅舅家去，玩了一会儿，正准备回家的时候，舅舅家的小公鸡一下子冲上来把牛虻给啄着吃了。弟弟抢上去已来不及了，就坐在舅舅家门槛上大哭起来。舅妈忙问是怎么回事，弟弟说："哥哥和我分家，他得老黄牛，我得小牛虻，这倒好，这牛虻倒让小公鸡给吃了。"舅妈忙安慰他，并同情地说道："别哭，这小公鸡就赔给你。"

弟弟把小公鸡带回了家。只见这小公鸡的鸡冠通红通红的，周身羽毛花纹点点，昂头叫，还挺威风的哩。弟弟非常喜欢这只小公鸡，没有粮食，就捉虫子给它吃，下地干活，天黑回家，他都带着它，一刻也离不开。

这年冬天，天气特冷，北风吹得呼呼直叫，雪花儿飘个不停。分家后，哥哥不愿住茅草屋，另找了个地方。这茅屋可经不起这样的风刮雪压，一下子垮了。连避风的地方也没有了，弟弟只好抱起小公鸡到村里一位老爷爷家去躲一躲风雪。老爷爷见他可怜，忙叫他到火灶边烤烤，烤着烤着，身上暖烘烘的，他一下子睡着了。老爷爷家有只小黄狗，趁弟弟睡着的时候，偷着把小公鸡给吃了。弟弟一觉醒来，不见了小公鸡，只见狗嘴满是鸡毛，不由得又大哭起来。老爷爷忙问怎么回事，弟弟说："我们分家时，哥哥得老黄牛，我得小牛虻。小牛虻不小心被舅舅家小公鸡吃了，舅妈就赔了我这只小公鸡，我天天捉虫子给它吃，可小公鸡又被这小黄狗给吃了，你看，它满嘴是毛。"老爷爷说："别哭别哭，你也怪可怜的，我就把这只小黄狗赔给你吧。"又说："你没地方住了，就在我这儿搭个铺吧，给我这老头子做个伴，怎么样？"弟弟高兴地答应了。

冬去春来，眼看是该下地的时候了。老爷爷年纪大了，也不能下地。弟弟整天愁眉苦脸，心想，再不耕地，这

古城榴花（王鲁晓供图）

榴花红（王鲁晓供图）

榴园盛景（夏幼兰摄影）

一年吃什么呢？忽听得小黄狗对他说："是愁没有牛耕地吧？怎不早说呢？我能耕地呀！"弟弟吓了一大跳，他可从来没听说过狗会说人话，也从来没见过狗能耕地，他吓得半天不作声。小黄狗见弟弟不相信，就走过来，咬着弟弟的裤脚往外拉，并且说："不相信？走，去试试吧！"弟弟心里可高兴了，他摸着小黄狗的头说："好，走吧，这下子可全靠你了。"小黄狗温驯地点了点头。弟弟和小黄狗来到地里，套上犁，就干了起来。谁知道，这狗比牛耕地还快，拉着犁飞跑，弟弟扶着犁把，紧赶慢赶，几乎脚不点地，不一会儿，地就犁完了，弟弟累得满头大汗。

四周的乡亲见到这样的新奇事，都围上来看，个个称奇。狗能耕地，这新闻一传十、十传百，传遍了十乡八村，当然也传到了他哥哥的耳朵里。他哥哥想，喂一只小黄狗比喂一头老黄牛可省事多了。有好事儿不占，是傻瓜。于是，哥哥一大早就来找弟弟，说是愿意拿老黄牛和他换小黄狗。这回弟弟可不答应了。哥哥不肯罢休，好说歹说，弟弟的心肠终于软了下来，答应借哥哥耕一天地，可不答应换。哥哥高高兴兴地牵走了小黄狗。

第二天天刚亮，哥哥就牵着小黄狗下地了。他心想，就一天时间，无论如何要把地全耕完，不能让这狗轻松一下。到了地里，哥哥给狗套上犁头，可狗不走。哥哥气得直骂，狗还是不走，哥哥拿起棍子狠命地抽打，可无论怎么打，小黄狗还是一动不动。这下哥哥可没法子了，一狠心，拿起棍子，劈头盖脸一阵子乱打，没几下，把小黄狗给打死了。

弟弟一听说小黄狗死了，大哭起来，忙跑去把小黄狗抱了回来，在地头挖了个坑，一边哭着，一边把小黄狗埋了。不几天，坟上长出一棵树来，长长的叶子，翠绿可爱，又过了半个月，树长高了，开出了火红火红的花，这花在绿叶的映衬下，分外耀眼。又过了半个月，花谢了，结出一个个大果子，圆圆的，黄中间红，光滑可爱。又过了半个月，只见这果子裂了开来，像是望着弟弟哈哈大笑。裂缝里挤满了像是珍珠般的肉籽，真美！弟弟见一个果子在枝头摇摇晃晃，忙伸出手去想扶一下，谁知这果子一下子就掉在他手心里。他小心地捧着这果子，走到地边。他见无处可放，只好放在一块青石板上，一下子，这果子就变了一栋大房子，有好多好多房间，房间里不仅什么家具都有，而且还飞出一只小牛虻，跳出一只小公鸡，走出一只小黄狗。

弟弟没房子发愁，现在有房子也发愁，他想，这么多和我一样的穷人都没房子住，叫大伙一齐来住吧。于是他就把村里的穷人都叫来了，大伙热热闹闹的，非常感谢弟弟。

他哥哥听到这个消息气急败坏，见房子已经全部分给了穷人，没他的份，于是把弟弟拉出门外，先骂了弟弟一顿，说弟弟是天下最大的傻瓜，然后对弟弟说："给他们住也就罢了，可不能白住，要他们交租，交不起就拿田地抵。"弟弟可不听他哥哥的话。

哥哥见弟弟不肯，气得转身就走。出得院门，见那棵树还在那，树上果实累累，迎风摇摆，如打秋千一般。他心头一喜，忙回家拿来一口布袋，把这树上果子全给摘光了。

———— 中国石榴传奇 ————

心想，你能变，我也能变。我把房子全部租出去，卖出去，这下子我可成大富翁了。到了家门口，他放下布袋，找了个空地方，从袋里挑出一个最大的果子，捧在手里。果子慢慢裂开了，他紧盯着那果子，心里紧张极了，口里直叫："房子，房子！"冷不防里面飞出个大牛虻，朝他眼睛咬了一口。他痛得"哎哟"一声，忙用手护眼，只见满手是血。他忍着痛，咧着嘴，又从袋里拿出一个大果，捧在手里，口里叫着："房子，房子！"这果子又慢慢地裂开了，他紧张地盯着果子，冷不防从果子里面飞出一只小花鸡来，这鸡向他眼睛猛地啄了一口，就飞走了。刚才流血的那只眼睛这下子全瞎了。他仍不死心，心想，难道这全是些坏果子？就没一个能变房子的？于是，他摸去摸来，又选了一个大果子。这果子在他手上又慢慢地裂开了。他一只眼睛盯着果子，心里可有些发毛。哪知他根本没见到什么房子，从果子里却跑出了只小黄狗。他一见这狗，就一声不吭地晕死过去了。

弟弟和大伙一起住在那栋房子里，大伙儿和他一起早出晚归，耕地打粮，还帮着给他张罗一个漂漂亮亮的媳妇，日子过得甜甜美美的。那棵树年年结果，因为那果子是在青石板上变成房子的，所以顺口叫它为"石榴"，把它作为石榴的象征了。

（王毅）

崔玄微与石榴花仙子

沈燧（1891—1932）《花神图》

唐玄宗天宝年间，有位隐居不仕的崔玄微先生，家住在洛苑的东面。他热衷于道术，长期服食茯苓，时达30年之久。有一次，服完药，他便带领童仆到嵩山去采集。采集够了，这才回转家中。

家中因多日无人收拾，庭院里野草丛生。当时正是阳春三月，晚上暖风吹拂，一轮明月高挂天空。崔玄微独自待在一个院子里，家人无事都不敢来到这儿。这一晚三更过后，忽然有个身穿青衣的女子来到他的身边，对他说："我高兴在这儿见到您。我想和几个女伴到上东门表姨家去，路远天黑，想在您这儿借宿一夜，不知您老同不同意？"崔玄微答应了。一会儿就来了十几个人，那位穿青衣的女子领着她们进来。有位穿绿衣的女子前来自我介绍："我姓杨。"并指着身旁的另两位说："她姓李，她姓陶。"又指着一位穿红色衣服的女子说："她姓石，名醋醋。"她们都带着自己的侍女。崔玄微和她们相见完毕后，便请她们在月下就座，并询问她们为什么深夜奔波。她们回答说："封十八姨几天前就说想来看看我们，老等她不来，我们便在今天晚上动身去看望她。

她们正说着，还没有坐定，就听门外有人通报说："封十八姨来了！"她们惊喜地出门迎接。那位姓杨的女子对封十八姨说："这里的房主十分贤明，而且这地方也宽敞雅洁。"崔玄微便出来见这位封十八姨。她说话时声音清亮，颇有隐逸高人的风度。于是主客揖让入座。众女子一个个都容色非凡，满座芳香阵阵沁人心脾。崔玄微吩咐摆酒，众女子都唱着歌向封十八姨和房主人敬酒。歌词美不胜收，崔玄微只记了其中的两首。

那个穿白衣服女子唱的是：

> 皎洁玉颜胜白雪，况乃当年对芳月。
>
> 沉吟不敢怨春风，自叹容华暗消歇！

那个穿淡红衣服女子唱的是：

> 绛衣拨拂露英英，淡染胭脂一朵轻。
>
> 自恨红颜留不住，莫怨春风道薄情。

轮到封十八姨敬酒时，因为她举动轻浮，不留心把酒泼翻了，弄脏了石醋醋的衣裳。石醋醋一下就红脸了，生气地说："她们都恳求你，我就不怕你！"说完，拂袖而去。封十八姨也恨恨地说："小丫头发酒疯了！"说完，便起身要走，众女子只好把她送出门外，便见她一个劲儿向南飞跑。而后众女子回到院子里，和主人告别。对刚才发生的那些事儿，崔玄微一点也不感到惊异。

第二天晚上，众女子又来到了崔玄微家中，说是要往封十八姨家赔罪去。石醋醋生气地说："何必去见那封老婆子！有事不用求她，只求我们这儿的贤主人就行！但不知贤主人能否答应我们的请求？"众女子都说："这个主意不错！"便一起恳求崔玄微："我们都住在洛苑里，每年都被恶风摧残，弄得我们无法安身，只好常常请求封十八姨庇护。昨天晚上醋醋和她闹翻了，看样子她不会高兴的。先生如能答应庇护我们，我们愿尽微力报答。"崔玄微说："我有什么力量，能保护你们呢？"醋醋说："只要先生在每年的花朝日，用红布作一朱幡，上边画上日月五星，然后将朱幡树立在洛苑的东面，这样我们就能免难。今年已过花朝，请您在这个月的二十一日那天的早晨，一见东风乍起，就将朱幡树立起来，我们就不怕封十八姨作祟了。"崔玄微爽快地答应了她们的请求。众女子齐声感谢道："我们绝不会忘了您的恩德！"便向他恭恭敬敬地行了一礼，而后走了。崔玄微在月光下送走了她们，只见她们越过苑墙，进入洛苑，就无踪无影了。

到二十一日早晨，崔玄微依嘱树起了朱幡。这一天东风播地而来，一路上飞沙走石，吹折树枝，而洛苑仍然繁花似锦，未被摧折。崔玄微这才恍然大悟：衣服颜色不同的杨、李、陶三位少女，原来是众花之仙；那位穿红衣裳的少女石醋醋，原来就是石榴仙；所谓封十八姨，原来就是风神！

几天过后，众女子前来致谢。她们各送了桃李花数斗，劝说玄微服用。她们说："服用花瓣，就像服用茯苓一样，可以延年益寿，长生不老。但愿先生长寿，我们在您的庇护下，也可以长年不衰。"崔玄微依照众花仙的嘱咐，一直活到元和年间。

（唐·郑还古）

端午戴石榴花的来历

　　在我国北方，端午节这天，老人都要给子女的头上插上一朵石榴花，以祈求子女平安富贵。这个风俗流传已久，但很少有人知道这里面还有个感人的故事。

　　古时，夷安城南白羊山下有个不大不小的村子，村头住着一位名叫榴花的女子。榴花心地善良，温柔贤淑，与村人和睦相处。当时战事不断，男子都被强拉去服兵役。榴花的丈夫就是在新婚三个月被抓走的，当时榴花已有孕在身。公婆由于思念儿子，忧虑成疾，还没等孙子降生就相继故去。

　　十月怀胎，一朝分娩。榴花生下了一对双胞胎儿子，儿子的降生多少让榴花有了好好生活的信心。每逢初一、十五，她就在自家院子那棵石榴树下摆开香案，祈祷天下太平、丈夫平安归来。

　　这年春天，夷安瘟疫横行，榴花住的小村也未能幸免。更可怕的是，小村里的人所患病症与别处不同，病人多伴有莫名其妙的头痛，行医多年的郎中也束手无策。这病一旦染上，过一段时间就会慢慢视物不清，严重的还会两眼失明。榴花的两个儿子也染上了病。

　　快端午节了，天气很热，儿子的病越来越重，榴花心急如焚，四处找寻偏方为儿子治病，却始终不见好转。正在榴花束手无策之时，偶听一位游方道士说，西去三百里的霞山上有位得道高人精通岐黄之术，或许可以治这种怪病。于是榴花带着两个儿子动身前往霞山。

　　榴花一家晓行夜宿，终于到了霞山脚下。榴花从山下一步一跪到了山顶，见到了高人。高人听了榴花的来意，仔细查看了她两个儿子的病情，末了长叹一声："天意如此，贫道也没有办法。倒是有一个法子可以延缓二子失明。"榴花忙问什么法子，高人对榴花

清 罗聘《端午图》　　　清 任伯年《端午图》　榴园景色（张孝军摄影）

低语道："你把盐块用石臼细细捣成精盐，每天中午时分，从井里提上清凉之水，把精盐放在水里搅匀化开给孩子洗眼或可明目。"榴花听了再拜答谢，然后领着孩子赶回了村子。

回到村子，榴花发现全村的人大都失明了，没失明的也开始视物不清。她赶忙把家里的盐块捣成精盐搅在水里，然后挨家挨户送去，让他们洗眼。

这天，她又领着两个儿子到村口的井边，提了水，然后哆哆嗦嗦从怀里掏出精盐，长叹一口气。那时候盐奇缺，榴花把自家的盐全部用光了，村里人的眼疾还是不见好转。儿子拉拉她的衣袖说："娘，你说咱家的盐都用光了，怎么不去向村人讨？反正也是给他们治病。"榴花摸着儿子的头说："村人眼睛看不见，弄点盐不容易，他们的盐还得生活，娘不好意思向他们讨啊。所幸我还没患病，明天我再出门去寻吧。"

正说话的时候，身后突然来了个人。榴花回头一看，原来是位衣衫褴褛的老婆婆。老婆婆看着榴花，眼神里现出异光，道："刚才你们的话我都听到了，难为你为村人想得这么周到。"榴花向老婆婆深施一礼道："老婆婆夸奖了。看到村人在受煎熬，实是心里不忍。"榴花一边和老婆婆说着话，一边用辘轳提上一桶水来。看着那清冽的井水，老婆婆直说口渴，不等榴花同意就趴到桶要喝。榴花见了，伸手从园边捋了一大把草籽丢进水桶里。老婆婆见了，脸色一变，盯着榴花狠狠地看了几眼。看着老婆婆边吹草籽边小口喝水，榴花这才说："老人家不要怪罪。这大热的天，看你满头大汗，肯定肚内实热，要是骤然喝下刚打的凉水，冷热相交定会生病，轻则腹痛不止，重则有性命之虞。"老婆婆听了，点了点头，说了句没头没脑的话："大义贤妇，何至失命，唉……"

喝罢了水，老婆婆转身就走，但走了一段路又转了回来，她紧紧拉住榴花的手，像是下了很大决心似的对她说："这事我本不该说，所谓天机不可泄露。实话对你说吧，你们这地方的村人不敬神灵，民风败坏，得罪了上天，上天要惩罚你们了。所以先是瘟疫，再让人染上眼疾，然后视物不清直至失明。你讨来的方子，也是只能解一时之痛，村人终究还是要受到惩罚的。端午这天会有一场黑雾降临你们这里，这团黑雾也叫障眼雾，能使人产生幻觉。村人以为眼疾已痊愈，会争相到村西的河边看龙舟比赛，出门后也会误以为走的是坦途，却不知不觉就会走到村西的红绣河里。"

榴花听了大吃一惊，急问有没有什么法子可以解救。老婆婆说："这是天机，和你说了我也要受到惩罚，但看你心地良善，一直对神灵恭敬有加，命不该绝。我就告诉你个解救的法子吧。这个只能救你自己和两个孩子，跟任何人都不要说，说了你也要受到惩罚。端午这天子时到卯时这段时间，你摘三朵石榴花，把我刚才握过的你那只手的中指刺破，用血把石榴花染红，然后戴在额前，就会照亮脚下的路，不被幻觉所困，可保你家三口性命无忧。"说完又拉起榴花的手在她掌心里画了画，还没等榴花明白过来，老婆婆突然不见了。

榴花静心一想，后天就是端午节，想想一村人就要不明不白地死去，她的心里很是不忍，于是她打定主意，不管受到什么惩罚，一定要救村子的人。

端午节这天，子时刚过，榴花就起床从村里的那棵老石榴树上摘下一篮子花。回到家后，她点清了村里的人数，然后数出石榴花，用锥子刺破中指，把血滴到每朵花上。刚开始血还旺，后来血出得越来越少了，她就使劲向外挤。再后来，挤也挤不出了，她就拿刀割开皮肉取血。

鸡叫三遍，终于做完了最后一朵，她虚弱得都站不住了。看看天已大亮，她赶紧把两个儿子叫起来，吩咐他们把花拿出去分给村里人佩戴。两个孩子拿着花，磕磕绊绊地出去了。果然，日上三竿，好端端的天突然漆黑一片。榴花在家左等右等，好长时间不见孩子回来，正等得心焦，猛然想起，自己光顾给村子里的人染石榴花了，唯独忘了给自家三口人做！想想两个孩子可能已遭遇不测，她心痛得大叫一声倒了下去。

黑雾散尽，村里所有佩戴石榴花的人都安然无恙，只有几个当时不听劝告的人迷迷糊糊掉进河里。大家还发现了一件奇事，那就是原先视物不清或是失明的眼睛突然全都好了，比患病前看得还要清楚还要远。

人们这才知道为什么两个孩子大清早来送血染的石榴花。大家都涌到榴花家想表达感激之情，却惊讶地发现榴花由于失血过多，加之丧子心痛，已经停止了呼吸。

村里人感激榴花的救命之恩，就在村口厚葬了她，又把她两个儿子的尸体打捞上来，一左一右埋在旁边。

第二年，榴花的坟上竟然长出一棵石榴树，开花时节，红艳艳一片，从这以后石榴花都是红色的了。端午节这天，村里人都摘了石榴花插在发间，不单寄托对榴花的哀思，据说还能保佑家人平安健康。

（斯君）

石榴的来历

　　唐朝有个刘全，是个大商人，银钱特别多，开的两号京货铺，一座当铺。刘全的妻子叫李翠莲，是富户李富兴的女儿，长得如花似玉。那时节有句俗语：娶妻要娶小脚妻，种地要种黑土地。这李翠莲论脚，窄、短、细、瘦；论貌，白、光、亮、润；论腰，细如杨柳，穿戴赛过仙女，世人不及。

　　李、刘两家门当户对，结为秦晋亲家，谁能说不好呢？过门时，刘全给李翠莲特制金银首饰，在每件金银首饰上，都制有刘全的特别印记。

　　李翠莲过门后，生了一男一女，男娃叫双权，丫头叫爱露，长得都十分可爱。这李翠莲长得再漂亮，也没有人敢打主意呀，刘、李两家都是那样有钱有势，就是吃了豹子，也不敢有这个胆子呀！可刘全老觉得自家老婆美貌过人，常有疑心。

　　刘全的庄子，与邻村中间有一道大河坝，水有一两丈深，河有十几丈宽，人来人往，很不方便。学堂盖在邻村，年年都有学生娃掉到河坝里，救的快了还好，有时，跟前没个大人，救的晚了，学生娃就被活活淹死了。村上的慈善堂，想办好事，叫和尚化缘，集资修桥。

　　一天，一个和尚到刘全门上化缘，正巧刘全不在家。李翠莲正领的两个娃，逗着捉迷藏，听和尚说化缘，集资修桥，觉得这是件善事，是两个村上的人，多少年想办而没办成的大善事，顺手就把头上的钻石金簪拿下来给了和尚。意思她是大户人家，带个头，叫大家多出点钱快快把桥修好。这和尚接过金簪，拱手而去。

　　不久，大桥破土动工了，要将化缘的珠宝化成银子，和尚就拿着这支钻石金簪到刘全当铺去当钱。站柜的一看这簪子，出了四十两银子当下了。晚上站柜的告诉刘全说和尚当了一支钻石金簪赚了十两银子。刘全一看簪子是自己老婆的，疑病犯了。心思：我

石榴红了（易言郁供图）

为了生意，常在外边跑，是不是我老婆跟和尚勾搭上了？越是这样疑心越不放心，越不放心越觉得这件事可疑。他是大财主，有脸面的，能咽下这口气吗？就下狠心要治一治自己的老婆。

这天晚上，刘全黑着脸，气冲冲地回了家。一进门，就把一把刀、一根绳子，往老婆面前一扔，说要正门风，是刀死还是绳亡，由李翠莲自己挑。那时节的女人，哪能跟现在比，一看男人那副凶相，吓得啥也不知道了，只是哭。刘全叫丫鬟把两个孩子带到一边去，自己就坐在那硬逼，不管李翠莲怎么哭、怎么求，他就是不答应。李翠莲一看男人黑了心，想想活着也不会有好日子过了，心一横，趁男人去看娃子，上了吊。

两个娃从来没离开妈一步，今天一看丫鬟不叫他们回房子，不让他们见妈，就大哭大叫，闹得实在没办法，丫鬟报给刘全。两个娃一看刘全那一脸怒气，哭得更凶了，撕心裂肺的，谁听了都伤心。丫鬟和老妈子，都给刘全求情，都说娃娃见不到太太，哭就劝不住，时间长了刘全也冷静了不少。心想：先睡觉吧，明天再说。叫丫鬟把两个娃送给太太。丫鬟一进门，吓得大叫起来，刘全一看老婆真的上吊了，一下子冷静下来，自己光凭一个金簪子，也没弄清是怎么回事，咋能硬逼老婆自杀呢？后悔不及。两个娃一看妈妈死了，一下子就嚎开了，嚎得那个伤心劲，谁听了都要跟着掉泪，越加叫刘全后悔不及。好端端的一个家叫自己不一会就给弄散，这么美貌的老婆叫自己不一会就给逼死了，咋办呢？人已经死了，又不能复生，就好好办个丧事也算是自己对老婆的一点补偿。他把慈善堂的和尚全部请来。好好做了大道场，念了七天的经，超度老婆能早托生。两个娃就睡到了灵堂，哭得死去活来的，紧头到李翠莲送葬的那一天，两个娃也就瘦得皮包骨头。

丧事办完，刘全到慈善堂来致谢，那是大户，老和尚留着吃茶、劝慰刘全，说："在世多做善事的人死了，也会得好报。你的太太在世，还为修桥捐了钻石金簪一支，当价四十两银子。"刘全一听心里一惊，一看和尚账记得清清楚楚，刘全更后悔了。回家后心里老觉得老婆是他冤枉死的，自己对不起老婆，整天迷迷瞪瞪的，天天陪着两个娃，守在灵堂里，敬香、烧纸、祷告。

一天，刘全陪两个娃敬完香，烧纸祷告的时间长了，不觉地跪在灵前睡着了，只见一个白胡子老汉，挂着九头拐棍，对刘全说："李翠莲的阳寿没到，现在死的时间长了，尸体已腐烂，还不了阳，要给五阎君送个礼，阎君总能想出个法子，叫李翠莲还阳来。"刘全急问，"阎王爷什么都有，送个啥礼呢？"老汉说："五阎君这两天牙疼，爱吃个甘绵瓜果什么的。"刘全又问："一为阴曹，一为阳世，这礼咋送呢？"老汉说："峨眉山阴司洞能收阴曹礼当。"刘全再问，只见老汉一拂袖子转身就走。刘全急拉老汉，一下子推翻了火盆，惊醒了过来，原来是个梦。

刘全细想梦中之事，请老和尚来圆梦，老和尚已知底细，分析说，"冬瓜做汤味鲜，西瓜生吃解暑生津，南瓜做菜甘甜可口，唯北瓜生吃甘绵香甜清热去火，适合牙病的人吃。"刘全一想，确有道理，当即决定：三天内收购北瓜五车，连夜起程，赶往峨眉山阴司洞。刘全心急，连夜赶路，正走着呢，前面突然出来一座大山，车夫问刘全："咋办？"刘全说："翻山赶路！"谁知车到山跟前，见有一条山洞通道，刘全叫穿山洞过山。进山洞不远，见前面有光。到跟前一看，路边有一偏洞门上挂个灯笼，上有一匾，写着阴司洞三个大字。刘全正看着，梦里那个老汉打里面笑呵呵地出来拱手道："刘公来得好快。"刘全说："礼当送到，不知放在哪？"老汉向洞前一指："就卸在这。"你想，五车瓜呢，也不是一个两个，一下把个山洞给堵住了。原来四川连湖北一山相隔有山洞相通，打那以后，山洞给北瓜堵住了，湖北到四川就只有翻山了。你看现在世上，东（冬）瓜有呢，西瓜有呢，南瓜也有呢，就是没北瓜。北瓜当年让刘全进给阎王爷了，世上当然就不能再有北瓜了。

瓜刚卸完，老汉就说："你现在赶紧回去，明天午时三刻，唐王御妹打秋千摔死，你媳妇借尸还魂，急等见面。"一面说着一面把一个圆疙瘩塞给刘全，说是阎君回礼补阳间北瓜，刘全一听，那还顾得看什么东西？往杵褡里一装，叫佣人吆车运回，到天亮，一看已离城不远。原来刘全连两个娃，整天烧香祈祷，感动了阎王，阎王派缩地鬼把峨眉山阴司洞搬在近处，接了刘全的礼当。往回走的时候，年轻人急，赶了多半夜，把一天走的路赶回了大半。

刘全催车马急赶，赶到家时已过了午时，远远就看见门上有个皇差等候。原来唐王御妹，今天忽然兴起，想打秋千，两个宫女陪着，越打越高，一失手，从秋千上摔了下来，当即摔死。宫女立即启奏唐王，一下子皇帝、皇后、皇太后都来了。正要张罗丧事，谁知皇姑又醒了过来。大家又转忧为喜，都围上问长问短的。皇姑一概不理，口口声声，喊的儿子双权、女儿爱露，哭诉丈夫刘全狠心。唐王立即升殿，问丞相这是咋回事。刘全也是京城里的大富户，不少大臣也知道刘全的为人，说了刘全家的事，皇帝宣诏刘全上殿，刘全还敢停吗？立即随黄门官上殿，把老婆冤死、白胡子老汉托梦、连夜进瓜以及白胡子老汉的话，一一说个清楚。皇姑一见刘全，抱头痛哭。唐王一看，事已至此，只得将刘全招为驸马，认双权、爱露为皇外甥、皇外甥女。

晚上刘全才想起阎君的回礼，掏出一看，外皮都干了，里面一肚子籽籽，吃起来又甜又涩，刘全把籽种上精心培育，结了果子。刘全说："美妻李翠莲死了，又借尸还魂失而复得，就把这个果子叫'失留'吧。"后来人们七传八传地把这个"失留"叫成"石榴"，一直传到现在。

（讲述人杜秀珍，采录人郭晓东、张丹）

仙石榴的传说

　　河阴石榴粒大汁多，酸甜可口，是黄河岸边的有名土特产。河阴，就是现在的河南荥阳到黄河边这一带地方。这里很早以前不产石榴，传说石榴是张骞带来的。

　　汉武帝时，张骞奉旨出使西域。一路上风餐露宿，跋山涉水，历尽寒暑饥渴之苦。越向西走，路越艰险，又加上水土不服，闹得张骞心满肚胀，不思饮食：虚火上升，口舌生疮。这天，张骞和随从人员来到昆仑山下。他们又饿又累，张骞只好传令人等，找个背风地方休息。

　　张骞每到一个地方，从不歇脚，这里瞧瞧，那里看看；找老人问问，和年轻人谈谈，长了不少见识。这天，张骞忍着饥饿、病痛，独自顺一条山路向前走去。拐了几个弯，隐约听到远处有人讲话。他循着声音一边望，一边鼓起劲走去。走了一阵，声音没有了，抬头看时，只见路边有一块四四方方的石头。张骞绕着石头看了看，朝西的一面写着"通天路"三个大字。张骞犹豫了，是一直向前走，还是拐回去？不一会儿，前边又传来"咯咯"的笑声，他要弄明白这路通向何处，就又迈步向西走。哪知他刚走三步，一股狂风乱起，吹得地动山摇。张骞忙闭上眼睛。风过后，张骞睁眼一看，四周全成了直陡陡的石壁，把他圈在里边，向上看有十来丈高，好像掉在井里似的。

　　张骞要想出来，简直是不可能的事。这时，上边传来一男一女的争吵声。脆滴滴的女声说"王母命我引他上天，你为何把他阻拦？"接着是瓮声瓮气的男声说："怕是你这仙姑思凡想嫁人了吧！我去玉皇大帝面前告发你。"随着一阵狂笑，上边又平静了。嗬，原来是天上神仙。一会儿，一根白绫带落下来。张骞上去拽住白绫带，只觉身体一轻如飞，随带向上飘起。眨眼工夫，张骞从那"石井"中出来，悬在半空。这白绫是一位仙姑的腰带，张骞死死拽住白绫带，随着仙姑向西"嗖嗖"飞去。

一会儿，扯得紧绷绷的白绫带突然一松，仙姑不见了，张骞摔落了下来。停了片刻，张骞稳住神，看看前面，是座石牌坊，牌坊上雕着"西天瑶池"四个大字。

张骞怎么也想不到，自己一介凡人，竟来到了仙境。他壮了壮胆子，走过牌坊，向里张望，一片树绿花红，处处水碧草青。张骞觉得心旷神怡，周身轻松，双手一背，慢慢悠悠地走了起来。

在一个朱栏玉砌的亭子旁边，有一棵枝繁叶茂的树，上边红花朵朵，挂着一个个拳头大的果实。张骞停下来，细细端详这棵果树。他走了许多地方，还没见过这种果子。为了弄明白，看看四周没有动静，张骞伸手摘下一个。他用指甲抠开硬皮，剥开一看，里面一排排一层层满是珍珠玛瑙般的籽儿。

张骞掰了一个籽儿，小心翼翼地放进嘴里，轻轻一咬，甜汁四溢，他又掰了几颗，一起扔进嘴里。那籽儿甜中带酸，甜香可口。籽儿好吃，他乘兴掰了一手心，捂进嘴里，津津有味地嚼起来。吃了几口籽儿后，顿时感到口舌滋润，肚里的胀气也无影无踪，心里十分爽快。

张骞想，不知这是什么珍奇异果，看来能清热生津，消食化积。我干脆偷偷摘几个，一来路上吃，二来留下种子，带回去让老百姓栽种。他踮起脚，伸手刚摸着一个大点的果子，忽然传来呵斥声："何人如此大胆，敢偷摘王母的石榴！"随着呵斥声，那个带张骞上天的仙姑款款而来。

没等仙姑开口，张骞连忙作揖施礼，把他奉旨出使西域，路上诸多艰辛，眼下水土不服，腹内胀满，口舌生疮，吃了这果的籽儿，竟然好了许多的事儿讲说一遍，恳求仙姑赏赐几个石榴。

仙姑一听，作了难，摇摇头，连说不中。接着把缘由告诉张骞。

王母在天上见张骞路途遥远，行走艰难，发了怜悯之心，命仙姑引张骞上天，想送给他一些桃呀、梨呀、枣呀等鲜果，以备路上吃。只是这石榴天上唯此一棵，结的果子还不够给玉皇大帝吃哩，没有旨意，哪个也不敢私摘一个。

张骞听完仙姑一席话，感激地说："多谢王母仁慈待人。只是桃、梨、杏天下到处都是，谁也不稀罕。石榴人间没有，若能给我一个带回去，让百姓栽种，也是王母为黎民办了件好事。"仙姑被说动了心，就摘了一个递给张骞，叫他快到"西天瑶池"的牌坊下，等一会儿送他下凡。

张骞把石榴揣进怀里，顺原路回去。仙姑正要拾起石榴树下的石榴皮，一阵笙瑟奏鸣，玉皇大帝和王母娘娘来了。

玉皇大帝问王母："听说有个仙姑要下凡去找张骞？"王母解释道："是我派去的——张骞去西域，路上辛苦，是我让他送些桃梨之类，路上解渴。"

玉皇大帝没再追问，只是叫王母少管人间闲事。玉皇大帝和王母说着来到石榴树前，玉皇大帝看见地上有几片石榴皮，问仙姑谁动过石榴？

'秋艳'石榴（侯乐峰摄影）

　　仙姑情知隐瞒不住，就把张骞摘石榴、她送石榴的事讲了。玉皇大帝听了大怒，叫仙姑追回石榴。

　　仙姑急慌忙来到"西天瑶池"的牌坊下。她告诉张骞，玉皇要追回石榴。张骞问仙姑怎么办？仙姑叫他不要怕，快点走就是了。张骞照仙姑的吩咐，拽住她的白绫带。仙姑一纵身，到了缥缈的云雾中。张骞忙捂住眼，身体飘起来，耳边响起"呼呼"的风声。

　　那个在石井上和仙姑争吵的天神，看到仙姑送张骞下天，报告给了玉皇。玉皇不听王母的劝阻，命天神用箭射断了白绫带。

　　张骞手中的白绫带突然松了，身体在空中打起转来。他睁眼一看，白绫带断了，要是摔了下去，准会粉身碎骨。

　　张骞压住惊慌，向下瞭望，只见地上一条长带，西头白东头黄，太阳一照，若隐若现，且时而闪闪发光。这是什么地方？又向下落了一会儿，看清了下边是条河。他想，肯定是黄河。

　　眼下自己是九死一生，摔死也要摔在黄河边，死在自己的故土上。张骞在空中手扒脚蹬，借着风吹，向黄河飘落下来。

　　张骞越落越快，哗哗流水声都听得清清楚楚了。他一闭眼，"通"的一声，摔在了黄河里。

　　张骞被救上岸，两天两夜才醒了过来。他一醒来，问这是什么地方？人们告诉他，是河阴。他到过河阴，这里被邙山围着，一片黄土，是种树的好地方。他不顾身上的伤痛，从怀里掏出石榴，分给老百姓，让他们立刻种下去。

　　从此石榴就在河阴生长、开花结果了。河阴石榴是张骞从天上带下来的，到现在还有人把河阴石榴叫作"仙石榴"。

（王黎）

榴花被贬记

在峄县石榴园的"园中园"里，有九棵奇特的石榴树。每到石榴花开的时候，这里满山遍野一片火红。唯有这九棵石榴树却与众不同，她们开的不是红花，而是雪白雪白的白花。太阳当空一照，红色衬着白色，闪闪发光，就像撒在火红缎子上的一颗颗白色的珍珠，非常好看。说起这九棵石榴树，还有一段动人的故事哩。

当年，武则天夺了唐王朝的皇位，她横行霸道，乱了朝纲，弄得文武大臣们都跟她不是一个心眼。因此，武则天很着急。可是法不责众，来硬的又不行。怎么办呢，她绞尽脑汁想了五天五夜，到底想出一个办法来。什么办法呢，原来她下了一道圣旨，要文武百官第二天一早到御花园赏花。当时正是寒冬腊月，滴水成冰，人们冻得连手都伸不出来。在这么冷的天气里，别说看花了，就是看个绿叶也稀罕。大臣们心想，这天气能看到鲜花？除非公鸡下蛋、太阳打西边出来。

可武则天自有她的办法。她传旨于花神，命御花园里众香国的百花，第二天一早都得开出鲜花来，哪一个胆敢违旨，就连根铲除。各种花都不敢得罪武则天，只得忍气吞声；只有牡丹和石榴这一对互称姐妹的好邻居，早已看不惯武则天那一套，当然不愿开花了。

第二天，文武大臣早早地都来上朝了，随着武则天进御花园一看，个个都惊呆了。御花园里果然是百花齐放、万紫千红，比春天开得还鲜艳！大臣们慌忙跪在武则天面前，高呼万岁。武则天高兴得手舞足蹈，带着大臣们在园中转来转去。他们看了玫瑰，看菊花，看了桂花，看芍药。越看越高兴，越看大臣们越服气。可是，当他们来到牡丹和石榴花坛时，全都愣住了。只见牡丹和石榴仍然在寒风中摇晃着干枝枯叶，别说花朵，连个小芽芽也没有！

榴花心语（陈允沛摄影）

白玉石籽（郝兆祥摄影）

王震（1867—1938）《榴花小鸟》

武则天见牡丹和石榴竟敢违旨，让她丢了丑！于是，恼羞成怒，传下圣旨，要将牡丹和石榴连根拔掉，用火焚烧。牡丹花是天下名花，石榴花又是西域传来的珍品，京城只有这九棵。如若除根，真是太可惜了。大臣们既佩服牡丹和石榴花的勇气，又非常同情她们的遭遇。于是，一个个全都跪下给武则天磕头，请求免去牡丹和石榴花一死。武则天见大臣们求情，知道是服了她的威严，便借机讨好大臣，假意说道："看在众位爱卿的面上，免去她们的死罪，贬牡丹去洛阳，贬石榴去丞县。"

远远地离开京城，不在御花园里伺候皇帝，这也倒是牡丹和石榴花的心愿，只是姐妹在一起多年，要分离开，非常伤心。牡丹和石榴花含泪告别了御花园里的众位姐妹，牡丹去了洛阳，石榴花往丞县而来。

丞县就是现在的峄县。石榴花来到峄县时，正好赶上年关。老百姓们早就听说石榴花在京城顶撞武则天的事了，纷纷从四面八方赶来迎接她们，并且选了个依山靠泉的好地方，帮助她们安了家。

对于峄县百姓们的盛情好意，九棵石榴感激不尽。她们初来乍到，又没有什么能回报峄县百姓，于是决定在大年初一大开石榴花，报答峄县的父老百姓。不料就在年三十夜里榴花开放时，下起了大雪。九棵石榴顶着风雪，照样开花。那雪洋洋洒洒地直下了一夜。等大年初一清早，峄县百姓们来给石榴拜年的时候，九棵石榴树开出的全是雪白雪白的石榴花。

从那以后，每年到石榴开花的时候，这九棵石榴树便开白花了。

（陈念华）

石榴仙子恋榴园

　　园中园龙池畔，苍龙吐水童戏鲤；绿树间石榴仙子，神态安详听泉鸣。据传，很久很久以前，石榴仙子赴王母娘娘瑶池盛会，驾祥云回仙山，被峄县境内"青檀秋色"陶醉。随手将石榴籽撒下云端，冬去春来，榴苗满山，二年开花，层林尽染，三年结果，香飘人间。王母娘娘大怒，仙榴岂可留人间，贬石榴仙子下凡间，命雷公风神毁榴园。一阵风狂雷鸣过后，石榴树叶落枝残，扭曲弯转。仙子精心捆扎，培土浇水一年、二年，树更绿，花更艳，果更甜。石榴园中的榴树千姿百态是被风神吹的，树干疙疙瘩瘩是被雷公击的。

　　到了乾隆年间，乾隆下江南，吃了石榴仙子给的石榴后，胃火全消，浑身爽快，漫步北行，只见树形奇特，苍劲奇崛，独自成景，妙不可言。石石构景，形态各异，自然和谐。泉泉清澈，长流不息，曲曲折折，汇为一溪。过溪东行，忽见一泉，如大陶罐，突突喷水。这就是当地人说的罐口泉，又名恩赐泉。据传，明崇祯十七年，峄县地大旱，方圆几十里的井、泉大都停喷或干涸，唯独这眼泉依然喷涌，这一带的老百姓就靠这泉生活下来。当地百姓为感谢它的恩赐，遂改名恩赐泉。乾隆看泉水清冽，情不自禁掬起痛饮，甘美爽口，啧啧称赞，忽听身后有少女娇叱："先生吃了石榴又喝水，不怕再染病！"乾隆皇帝回首一看，大吃一惊，见那少女不施粉黛，一尘不染，水灵清纯，目如清泉。宫中佳丽如云，哪个能比村姑，是不是仙女下凡？心中动情，应道："谢谢小姐，石榴甜，泉水甜，人更甜呐，真是俊鸟出深山。"少女微微一笑："先生不可言谢，水凉不可多喝，石榴可多摘一些带走。""我一不再喝水，二不带石榴，只想带你走。"乾隆说。少女把脸一沉："小女不敢高攀，不图富贵不图钱，只愿长守石榴园。"说罢扭头向榴林深处走去，转眼不见。从此，再也没人见到少女出现。只闻榴香漫漫，琴箫绵绵。传说石榴仙子仍在守护着石榴园。"乾隆下江南，路过石榴园。食过榴王籽，饮过恩赐泉。"这首民谣就是这个传说的浓缩。如今，石榴仙子塑像，亭亭玉立；满面含笑，神情安然。诚邀着中外游客，祝福着人人平安！

榴花仙女（船歌摄影）

大红灯笼（郝兆祥摄影）

石榴红（高天供图）

石榴做媒

在很久以前，石榴园旁的官山上，有一男一女两个小孩。男的叫金柱，家住在官山东，整日来山上放牛；女的叫银铃，家住在官山西，天天到山上来放羊。每天，将牛和羊放到山坡上去吃草，他俩就到山下的石榴园里去割草。天黑的时候，他们各自背着一大捆草，分手回家去。第二天一早，再来山上。一天，金柱和银铃又到石榴园去割草，突然发现路旁扔着两棵小石榴树，树根被太阳晒得都快干了，金柱和银铃看了很心疼，赶忙用手扒坑，把这两棵小石榴树栽上，用土培好。金柱脱下自己的小褂，给两棵小树遮挡阳光；银铃把自己带来解渴的一葫芦水全倒出来浇树，又跑到很远的河里去灌水，让两棵小树喝了个饱。第二天，他俩又从家里带来鸡粪埋在两棵小树下。过了几天，两棵小石榴树又冒出了新芽。

从此以后，金柱和银铃常常给这两棵小石榴树浇水、上粪。他俩一人管一棵，彪着劲地干。银铃对金柱说："这棵树就是我，那棵树就是你，看看谁长得高！"

在金柱和银铃的照料下，两棵小石榴树渐渐长大，没过几年，就开花，结石榴。这时金柱和银铃也跟着越长越高了，金柱长成了一个敦实的小伙子：粗粗的胳膊，壮壮的腿，宽大的胸脯上突起来一块块肉疙瘩。银铃也长成了一个漂亮的大姑娘、高高的个子，苗条的身材，说话嘴里甜甜地，声音像银铃一样脆。

后来，奇怪的事情发生了。两棵石榴树越长越大，可也越长越往一起靠近。等长到一把粗时，原来两棵相隔一丈多远的树，竟长到一起来了，合成了一棵树。

金柱和银铃看了很惊奇。金柱双手握着树问银铃："银铃，你不是说一棵是你，一棵是我吗？现在你看，哪一棵是你？哪棵是我？"银铃听了，脸唰地一下红得像块大红布。她低下头去，两只手也紧紧握在树上，轻轻地回答说："这一棵树，也是你，也是我。"

说完就向石榴林里跑去了。金柱也不去追银铃，望着她的背影一个劲地憨笑。原来，他俩从小在这里一块放牛放羊，一块割草拾柴，一块照顾石榴树，日久天长，两个人心里便自然产生了爱情，只是心里有嘴上不说就是了。如今这事挑明了，两人都很害羞。

从此，金柱和银铃两个人比以前更亲密了。一天不见就想得慌。后来，银铃的娘知道了，气得一蹦三尺高。她把银铃锁在屋子里，再也不让她去山上放羊了。原来，银铃娘是个糊涂老妈妈，她看银铃模样长得漂亮，指望等她长大后找个富人家，娘俩能过好日子，没想到银铃自己找了个穷放牛的，她还不生气？她劝银铃不要再和金柱好，银铃说啥也不听，就是死也要跟金柱。她不吃也不喝，身子一天天瘦了起来，原先一个漂亮的大姑娘变得又黄又瘦。她娘看了心疼了，于是她想了个法子骗银铃，她对银铃说："我不让你嫁给那个穷放牛的，是为了你好。你要真想跟他，除非让他送两个大元宝来我才同意。"她知道，金柱是弄不来元宝的。

银铃一听，将计就计，说："你放我出去，我去跟他说，让他送来。"银铃娘果真放出了银铃。她翻过官山，直奔石榴园，在那棵石榴树下，她看到金柱呆呆地站在那里。"金柱！"银铃叫了一声，扑上去，两人抱在一起痛哭起来。哭了一会，银铃将她娘要元宝的事说了，两人商量一阵，觉得实在没有办法。于是，银铃从腰里抽出早在家准备好的绳子，说："还不如死在一起的好，免得为难。"说着她就往石榴树上搭绳子，想和金柱两人一块吊死。可是，银铃一往树上搭绳子，树枝子就往上抬，叫她怎么也搭不上。金柱接过绳子，搭了几次，同样也是搭不上去。连死都死不了，两人实在痛苦，跪在石榴树下抱头痛哭。突然，石榴树叶沙沙响着发出声音说："你们两个不要着急，我们自有办法搭救你们。"

金柱和银铃听见石榴树开口讲话，连忙磕头谢救命之恩。石榴树却说："不要谢我们，我们还没有谢你们的救命之恩呢！"原来，被金柱和银铃救活的两棵小石榴树，是石榴王的男女侍臣，两人产生了爱慕之情，犯了天条。石榴王下令将他们处死，幸亏金柱和银铃救了他们，他们才得以活命，并且又团聚在一起。如今，金柱和银铃有难，怎能不帮助呢？石榴树接着说："银铃娘要两个元宝，这个并不难办，今天我们送你们四个元宝，两个送给银铃娘作为聘礼，她拉扯银铃不容易，也该给她。另外两个留给你们自己，作为结婚和安家用。"

石榴树说完，摇了摇身子，从树上掉下了四个大石榴，四个石榴落地变成四个大元宝。金柱和银铃谢过石榴树之后，拿着元宝走了。他们把两个元宝给了银铃娘，银铃娘只得答应他俩成亲。他们用那两个元宝盖了新房，置办家具结婚。结婚后过了一年，生了个结结实实的胖小子。他们仍然经常去照料石榴树。后来他们的子孙们也一代一代地去照料石榴树。多少年过去了，金柱和银铃虽然故去了，但那两棵合在一起的石榴树还仍然很茂盛。那里的男女青年谈情说爱时，总喜欢在这棵树下定情。

（陈念华）

榴花和石郎

很早以前，沙陀国青风山下有一棵榴花树，花的颜色像火一样的红，又鲜又嫩，很惹人喜爱。不过让人感到美中不足的是，她光开花不结籽，榴花树已经活了七百多年啦，饱受了风吹雨打，吸取了日月精华，渐渐地有了灵性，成了仙，沙陀人都称她"榴花仙姑"。

离榴花树不远的地方，有一间用碎石块垒成的小石屋，住着一个年轻的石匠。石匠家里很穷，穷得连姓名也没有。因为他靠着开山采石挣饭吃，所以人们都叫他石郎。天下雨了，石郎就到榴花树下避雨；干活累了，石郎到榴花树下歇憩；夏天热了，石郎就到榴花树下乘凉。石郎还给榴花树浇水、培土、捉害虫。他从小死了爹妈，也没有人和他交往，榴花树便成了唯一的亲人。

一天夜里，石郎做了个奇怪的梦，梦见一个美丽的仙女来到石屋，对石郎说："石郎，石郎，榴花愿你为郎。可是，我是一棵榴花树，咱俩只能在你睡梦里见面。如果你每天

清 倪耘《花果草虫图》

早上围着我转七百七十六圈，让你的汗水洒落在我周围的土上，再咬破中指朝我的根上滴一滴血，七百七十七天之后，我就能常和你在一起了。"石郎高兴地答应了。

七百七十六天后的一个黑夜，石郎刚干完活回家，两年前梦中的那个仙女果然来了。先是羞答答地朝石郎拜了拜，然后对石郎说："从今以后，外边的事，你去料理，屋里的活，留给我做。"说着就动手做饭，接着又替石郎缝补破旧的衣服。这天晚上，他们拜天拜地成了亲。从此，每天日头一落地，榴花准时来到石屋；公鸡叫过头遍，榴花便起身走了，天天都是这样。一眨眼，半年过去了。这天，石郎见榴花身子疲乏、面容消瘦，忙问她是不是病了。榴花的脸一红、低下头说："我有身孕了。"石郎喜得差点儿蹦起来。榴花又叹了口气说："可惜只能为你生财，不能生儿生女。"

榴花树真是结了满树的青果果。六月刚过去，青果果个个都有皮锤那么大了。一天夜里，榴花对石郎说："咱们的孩子快长大了，该起个名字啦。让它随你的姓，占我的名，就叫作'石榴'吧。"石郎点点头。

石榴成熟了，石郎摘下来去卖。石郎卖石榴换回很多银钱，发了财，对榴花夜里来白天走不满足了。他想出一条妙计，趁榴花夜间来石屋为他做零活的机会，偷偷地找了两个木匠，用大锯把榴花树抹根儿锯断，榴花无法回去，只得抛头露面了。消息传到贪花如命的沙陀国王耳中，他暗地里派一个武官带着几个兵丁，装扮成买卖人去抢榴花。正巧，这时有一队外国兵马打从这儿路过，救下了榴花和石郎。原来这是一支从西域回来的中国兵马，领头的一位官员名叫张骞，很同情这对夫妻，便把他俩带回中国。

夫妻二人在东海郡丞城正西二十里的小山村安了家。石郎仍然开山打石头，榴花绣花织布，日子过得很兴旺。三四年的光景，家里富得淌油。新盖了楼房瓦舍，又买了骡马田地，石郎抖起来了。当地人都称他石员外。

石郎财大气粗，心也变了。他觉着榴花老了，看着榴花碍眼了。他明明知道榴花害怕小虫虫，却故意捉来许多，让它们铺天盖地乱爬，榴花吓得浑身颤抖。石郎明明知道榴花见了木匠就害怕，他找来四五个木匠，整天在家拉大锯，抢斧子，吓得榴花不敢露面。他还时不时找碴打榴花。榴花实在忍不下去。这一天忽然换上一身新衣裳，洗洗脸，对石郎说："石郎，你我夫妻不能白头到老了，因为你昧了良心，我也变成丑模样，这是钱财拆散了咱俩。"说着话拿起剪刀就往脖子上刺。石郎上前去救，已经来不及了。

后来，在榴花的坟头上长出一棵石榴树，再后来，整个山坡变成了石榴园。人们说，榴花为不再受木匠的伤害，故意把自己的树干长得弯弯曲曲，又短又细，不能成材。人们说，圆滚滚的石榴是榴花的一颗纯美的心，厚厚的石榴皮是榴花忠于爱情的深情厚谊。红盈盈、水灵灵的石榴籽，是榴花的血水泪水变成的。紧贴着石榴籽长着一层层黄皮，那是榴花和石郎之间的隔膜。石榴上长着几个尖尖的锯齿，记下了石郎对榴花的伤害。榴花和石郎的爱情生活，有甜蜜也有辛酸，所以，石榴的味道有甜也有酸。

（邵明思）

白果、青檀、红石榴

　　古老的运河北岸有个峄县，峄县城西有一座高山，高山后边有个小村叫山阴。山阴村里有户姓白的人家。父亲死得早，母亲带着一个女儿过日子，女儿心眼儿好，长得又俊，人都叫她白莲。白莲出落得清水莲花一样，胳膊藕瓜似的白，脸盘像荷花似的红，眉眼水灵灵的一见就叫人疼。

　　娘儿俩住一间破草屋，靠莲花上南山打柴为生。莲花虽不娇气，可闺女家到底比不得男子汉，在悬崖峭壁上砍柴，有一回摔了下来挂在半空的松树上，差点吓死，山又高林又密。有一天见了狼群，差点丧命，两回都多亏了一个青年人救了她。

　　青年人家在十里泉边住，名叫清泉。清泉从小死了父母，孤苦伶仃也靠打柴糊口。自从清泉救了白莲，两人便天天一起打柴。天长日久，两人好得离不开，只是庄户人的儿女心里有话不出口。话不出口心可是诚呀，心诚就灵。两人在一起，白莲眉毛一动，清泉就知道她想说什么，两人不在一起时，清泉偷偷喊一声"莲花妹"，隔着几里路，白莲心里就一动。

　　白莲长到十六岁，说媒的踩烂了她家门前的石板路。东庄媒婆来说："二十顷地十头牛，吃不愁来穿不愁。"白莲娘听了笑一笑，一问女儿，撅起嘴。西庄媒婆说："十间瓦屋一匹楼，冬穿皮袄夏穿绸。"白莲娘听了咧咧嘴，一问女儿，摇摇头。当娘的生气了："摇摇头，嗷嗷嘴儿，到底想寻个什么主儿？"女儿脸一红说："家住青山绿水旁，天生一副好心肠。他来求婚跟他走，他不来求我跟娘。"说完挑起头天打的柴禾上县城卖去了。

　　当娘的送出门看着闺女走远了，忽然一阵旋风刨起一片黄沙，把她的眼给眯了。白莲娘揉着眼回到草屋刚坐下，就听见有一个年轻男人的声音说："大娘大娘快上坐，我给您老把头磕。"白莲娘一愣，想看看什么人，偏偏眯了眼看不清。只好问："你是谁呀？"来人说："我的名字叫清泉，天天打柴见白莲。"

白莲娘听见来人嘴又甜又懂礼，心里有几分高兴，忙问："你在哪里住呀？"来人说："南边靠着青石山，北边靠着绿水泉。白莲亲口将我许，白头偕老过百年。"

白莲娘一听，心里很高兴，想看看来人的模样，揉疼了眼也看不见，听那说话的声音，心眼也许不孬，既是女儿看中了，娘也就点点头答应了。定下第二天早上就来花轿迎娶。

白莲从城里卖柴回来听娘一说，又是惊来又是喜。喜的是泉子哥到底大着胆子来求亲了。惊的是事先怎么没给她说一声，这么突然呢？又一想，泉子哥不是太老实当面开不了口吗？再说他俩的事没别人知道，既然说的又全对，还有什么可疑的呢？

穷人家出嫁简单得很，第二天三更梳头，四更洗脸，五更里花轿就来到门前。吹吹打打上了路，等拜了天地，入了洞房，挑开蒙头红子一看，白莲吓傻了！眼前不是她朝夕相处的泉子哥，而是一条黑不溜秋、滑不拉叽、腥气扑人的毒蛇。

原来白莲住的山南有个黑水洞，洞里有个毒蛇叫一丈黑。一丈黑是东海龙王干闺女的表侄，仗着他干表老爷的势力，在此作恶多端。听说哪里有俊俏女子，便千方百计骗进洞里，糟蹋够了，然后吃掉。当它听说了白莲的美名，就暗中跟踪。探清了白莲和清泉的底细，又偷听了白莲对她娘说的话，它就眯了老太太的眼睛，骗来了白莲。没想到白莲又哭又闹，它只好暂时把她推进一间石洞里锁了起来。白莲心里那个悲伤呀！一遍又一遍默念着："泉子哥，泉子哥，赶快离家来救我。"再说清泉几天不见白莲打柴，恐怕白莲出事，就顾不上害羞了，到白莲家一问，才知道大事不好。他就满山满峪地跑，满山满峪地喊："莲花莲花，快快回答，泉子来啦，不用害怕。"白莲在洞里听到了清泉的声音，赶忙在心里回答："清泉清泉，白石黑潭。"清泉顺着声音，果然在山南找到一块大白石崖，崖下有个黑水洞，清泉不敢大声喊了，也在心里说："莲花莲花，快说办法。"只听水下传来莲花的心声说："好酒十瓶，丢在洞中，荷花出水，快来杀虫。"

原来白莲在洞里几天，看见一丈黑好喝酒，喝醉了酒好睡觉，于是想出了这杀蛇的主意。

第二天，清泉用打柴积攒的几串铜钱买了十瓶兰陵美酒，又把斧头磨得飞快，天黑时来到了黑水洞边，把酒一瓶一瓶地丢进水中，一丈黑正为白莲的事心中恼怒，一闻酒香，什么都不顾了，拾起一瓶喝一瓶，不多时，十个酒瓶都空了。这兰陵美酒喝着柔和，可后劲大呀，一会儿，一丈黑就呼呼地睡着了。这时，白莲赶紧把出嫁时插在头上的一朵荷花放在水中漂了去。清泉一看荷花上来，手拿斧子一头扎进了黑水洞。

清泉一个猛子扎到水底，见了白莲抱头大哭。白莲给他擦了把眼泪说："泉哥泉哥，不要管我，快斩蛇头，再砍蛇脚。"清泉一把抱住白莲，不由分说，把白莲送出了水面。好心的清泉他是怕打起来伤着白莲啊，可就耽误了这一会的工夫，等清泉一个猛子再扎

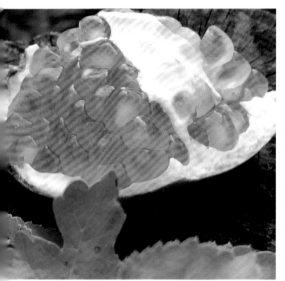 

峄州红石榴（郝兆祥摄影） 石榴红（郝兆祥摄影）

下去，一丈黑酒已醒了一半了。当看清泉举起斧头向它砍去的时候，它听到了声音，一摇头，斧头砍在了它的腰上，一股黑黑的血涌了出来，受伤的毒蛇便同清泉在水里打了起来。

白莲坐在洞边白石崖上干着急没办法，她不会水呀，只是喊着，"泉哥泉哥，当心毒蛇。"清泉听到白莲的声音，浑身添了无穷的力气，一连砍伤了毒蛇七八处，只是没伤着头部。从天黑一直杀到天亮，双方都累极了。一丈黑是水中物，不用换气啊，清泉水性再好，过一会儿就得浮到水面上唤口气。就在一次换气的时候、冷不防被毒蛇咬住了脚，只觉得浑身一麻，他使尽全力向蛇头砍去。只听咔嚓一声，蛇头被劈开了，清泉也昏倒在水面上。

白莲站在洞边拼尽浑身力气拽出了清泉，跪在地上用嘴吸他脚上的伤口，可是晚了，清泉再也醒不过来了。

白莲抱着清泉的身子号啕大哭，哭呀哭呀，眼泪变成了漫天大雨，先是串串泪水，后来变成了点点鲜血。点点鲜血洒遍了一溜山坡。直哭了七天七夜，泪血都哭尽了，忽然一声霹雷，两个人变成了两棵树。一棵白果树和一棵青檀树。后人在树旁建了一座庙，就叫青檀寺。白莲的泪血洒下的地方，第二年春天拱出了一丛丛火红的树芽，长大了开红花，结红果，红果掰开是一粒粒泪珠似的籽儿，透明晶亮还带点红色，吃到嘴里甜中带酸，这就是今天的石榴。

（余莹）

石榴园的由来

　　峄县万亩石榴园，坐落在山东峄城西绵延二十多里的向阳山坡上。这里山泉淙淙，榴树成片，点缀着几处名胜古迹，常常使人流连忘返。关于它的由来，还有个动人的故事呢。

　　传说很久以前，这里曾是牛郎和织女在一起生活的地方，男耕女织，生活十分美满。织女有个妹妹名叫檀香，十分羡慕人间生活，经常偷偷下界，帮织女纺纱织布、缝缝补补。

　　这一年，天上的蟠桃熟了，王母娘娘在瑶池举行盛大的蟠桃会，邀请各路神仙参加。正巧，齐天大圣孙悟空保护唐僧从西天取经回来，也被请赴宴。席间大家正吃得津津有味，孙悟空把嘴一抹站起来说："各路神仙，这蟠桃虽然好吃，但吃来吃去总觉乏味。俺老孙这里有从西天带来的仙果，诸位不访尝尝如何。"大圣说完，便从身后拎出一个布兜，只听"咕咕咚咚"一阵响，一些碗口大小、圆滚滚的东西，轱轱辘辘滚了一桌子。众仙面面相觑，谁也不知叫什么名字。小哪吒脚踏风火轮，分开众仙挤到桌前，抓起一个用手掰开，只见里面露出红通通、水灵灵的籽粒，像宝石，似珍珠，晶莹透明。众仙仔细一尝，果然酸甜可口、浆汁丰盈，别有一番风味，不由连声叫好。孙悟空哈哈大笑说："此乃波斯石榴也。"王母娘娘大喜，唤来檀香将石榴种子收藏好，准备日后种在蟠桃园内。并令天兵天将，抬来数坛太白金星酿造的万年桂花陈酒助兴。哪知此酒酿造多年、性烈无比，不多时众仙便一个个酩酊大醉，伏案酣睡起来。檀香一看十分高兴，暗想：我何不趁此机会，偷些石榴种子给织女姐姐送去呢？于是慌忙抓了一把，匆匆而去。哪知王母娘娘并未多喝，迷迷糊糊很快就醒了，发现少了石榴种，又不见了檀香，不由大吃一惊，急忙追问值夜星宿，才知檀香已离开南天门多时。王母娘娘勃然大怒，传令雷公电母，务将檀香捉拿归案，严加处置。

峄城区石榴盆景园一角（张孝军摄影）

晚秋醉怡人（张海平摄影）

峄城石榴别样红（侯乐峰摄影）

　　檀香架云自天而降，远远已望见牛郎织女的草房。正在这时，忽听背后电闪雷鸣、风雨交加，知道事情不好。她明白王母娘娘决不会饶恕自己，于是一狠心把石榴种从天上撒下，散落在附近山坡上的地方。而自己却被雷公电母作法杀死，化作了一座青山落到人间，这就是石榴园东边的檀山。

　　织女见檀香被害，悲痛欲绝，哭喊着向东跑去，在泪水洒落的地方所长出的石榴树，结的果子都是酸的。王母娘娘知道织女下凡，派天兵天将把她押回大界，划簪为河，只允许每年七月初七和牛郎相会一次，那则是以后的事了。

（郑世和）

庙峪的石榴为什么是酸的

　　早年间，青檀山下有这么一对小夫妻。男的叫王石柱，女的叫赵秀花。这小两口儿过日子，靠的可不是男耕女织，因为他们家里既没有田地可耕，也没有棉纱可织，就靠着侍弄青檀山庙峪的三十棵石榴树度光阴。好年景呐，石榴丰收，就能用石榴换回小两口儿一年的衣食。若遇到歉年，石榴不挂果儿，小两口儿就只好到山坡上剜些蒌蒌芽什么的填饱肚皮。

　　有一年，山东峄县遇上了大旱灾。青檀山下的万亩石榴园可就遭了大难了。王石柱家的那三十棵石榴树，遭的灾比别人家更厉害，三十棵石榴竟枯死了二十棵，只留下了十棵，上面稀稀拉拉挂了几颗小石榴蛋子。

　　说着说着就到了七月啦。这一年，京城照例又派下钦差大臣到峄县石榴园来征收石榴了。因为峄县石榴园的石榴是贡品，每年八月十五皇上赏月，都要品尝峄县石榴园的石榴。

　　这一回派下的饮差叫章禄，是光禄寺专管皇上膳食的大臣。这小子平时依仗权势胡作非为，对上是吹、拍、溜、舔，对下是坑、诓、拐、骗。这回派他到峄县石榴园征收石榴，对他来说可真是难得的美差，不光能趁机会巴结皇上，而且也能肥自己的腰包呀。本来皇上叫他征收一百二十担石榴，他把舌头一翻，就变成二百四十担啦。下边的官差衙役们，也想趁机会捞点儿油水呀，等派到石榴园的老百姓身上，就变成了三百六十担了。这么一来，可就苦了石榴园的老百姓啦。

　　一天，一个独眼公差闯进了王石柱的家，高喉咙大嗓子地对赵秀花说："当家的在家吗？"秀花拦住屋门，说："俺就是当家的，有什么事你跟俺说吧。"原来秀花的男人王石柱，为人胆小怕事，遇事又没有主心骨儿，所以，平时对家里外边遇到什么事，都是

石榴红（高明绍供图）　　　　冠世榴园——青檀寺（吴成宝供图）

由秀花拿主意。听了秀花的回话，独眼公差把嘴一撇，说："娘们儿当家，墙倒屋塌。"秀花哼了一声，说："娘们儿当家，枯树开花！有什么事你快说吧。"独眼公差咧了咧嘴，说："皇上又派人来征收石榴啦，你家摊派石榴三百斤，限三天之内交齐！"秀花一听傻眼儿啦："什么，三百斤？你记错了吧？俺家三十棵石榴，枯死了二十棵，只剩下半死半活的十棵，连石榴叶子撸了也不够三百斤呀？""你少啰唆，官府的命令，一棵石榴树交十斤，我不管你树死树活！交不上石榴，你就跟我见老爷去！"秀花把脚一跺，说："去就去，皇帝老子也不能不讲理！"

独眼公差带着秀花去见钦差大臣章禄。章禄一见秀花年轻貌美，当时就起了歹心。他对秀花说："小娘子，一棵石榴树交十斤，这是皇上的旨意，交不上可要杀头呀！不过，你家石榴树都枯死了，怪可怜的，那就这样吧，你就留在这里伺候俺吧，等俺收完了石榴回京，你再回家，石榴就免交了。"秀花心想，俺上哪弄这三百斤石榴呀，倒不如留下来，伺候他几天，挨过这一关。

到了晚上，秀花伺候章禄吃喝罢了，也把床铺收拾好啦，正想退出屋门，哪知章禄一下把她拽住了，要与她同床共枕。那秀花是个贞洁女子，哪里肯答应？这一下可把章禄惹恼了，指着秀花骂道："我有心赏给你脸，你偏给俺撅屁股！那好呀，限你三天之内，把三百斤石榴交上来，若少交一两一毫，我就按抗旨论罪！"

秀花连夜跑回家。第二天起了个早五更，来到石榴园，打算把树上的石榴都摘下来，估算一下有多少，不够就借钱买，反正无论如何也要凑够三百斤交差。谁知秀花来到石榴园一看，顿时傻眼啦。只见那十棵还活着的石榴树全都被砍倒了，上面的石榴一个也不见了。秀花知道是章禄指使手下人干的，一时气愤不过，大叫一声，一头撞在一棵石榴树桩上，一命呜呼了。

王石柱闻讯跌跌撞撞地奔到石榴园，抱着自己死去的妻子，哭得肝肠寸断、心血倒流。这小两口自从三年前结为夫妻，朝夕相处，一直是恩恩爱爱。现在秀花死去了，只剩下他王石柱一个人，叫他怎么不伤心呢？

天黑了，众乡亲们用铁锨在石榴园里挖了个坑，把秀花给掩埋了。

王石柱掩埋了妻子，也无心回家了，就趴在妻子的坟头上昏睡了过去。睡着睡着，也不知到了什么时辰，耳边猛然传来妻子秀花的呼叫声："石柱，石柱，快摘石榴。献给皇上，给我报仇！"石柱以为是在做梦呢，并没有睁开眼。谁知过了一会，耳边又传来秀花的呼叫声："石柱，石柱，快摘石榴。献给皇上，给我报仇！"石柱这回听得真真切切，猛地从坟堆上跳了起来。此时天已大亮。王石柱搭眼一瞧，一下子愣住了，只见石榴园里三十棵石榴树全都活了，棵棵枝叶茂盛，海碗口大的石榴缀满枝头！

王石柱又在秀花的坟头上哭了一场之后，连忙按照梦中妻子的吩咐，把树上的石榴都摘了下来，统统交给了章禄。章禄见了，只喜得合不上嘴。他心想，这样个大色艳的上等好石榴，皇上见了，一高兴，还不得给我加官晋爵呀？！

长话短说。眨眼间到了八月十五中秋节。这天晚上，月亮像个银盘似的高悬在京城的上空。皇上在众大臣的陪同下，登上紫禁城楼赏月。章禄瞧皇上兴致挺浓，忙命人把那十筐石榴搬来献上。皇上一见这十筐个个大如海碗口、色艳皮薄，自己从来没有见过的好石榴，一时龙颜大悦，口中连连称妙。章禄闻听，得意的浑身没有四两重啦。心里话，这么好的石榴，其味一定甘甜可口，皇上吃到嘴里，甜在心里，肯定会更高兴。想到这里，章禄哈着腰说："皇上呀，要说今年的石榴，可真是好得出奇，这还不都是您皇恩浩荡，才使得四海之内五谷丰登！全托您的福啦！"说着，忙将一颗石榴掰开，把石榴籽儿放到一只玉盘里，双手捧上，让皇上品尝。皇上一见玉盘里的石榴籽儿颗颗如珍珠，粒粒如玛瑙，立刻馋得口水都流下来啦，忙伸手抓了一把放到嘴里。谁知用牙一咬，立刻嘴歪眼斜，浑身发抖，连眼泪都流出来啦。原来石榴是酸的，皇上倒牙啦！

这可真是拍马屁拍到了驴蹄子上了。皇上霎时气得脸色铁青，手指章禄的鼻子，歪着嘴巴，恶狠狠地骂道："好你个大胆的狗奴，竟敢弄来毒果害我！快拉下城楼，刀劈斧砍，碎尸万段！"

王石柱终于给妻子赵秀花报了仇。不过，庙峪里他家的那三十棵石榴，从此就变成酸的啦。据说，现在的酸石榴就是从那时流传下来的，可没有过去那么酸了。有些病人和孕妇，还专门爱吃酸石榴开胃口呢。人们都说，那是秀花心善，用自己变的酸石榴为天下的百姓造福。

哎，你吃酸石榴的时候，可千万别忘了俺青檀山下的赵秀花呀！

（刘开允）

张天师雷劈石榴精

　　在很早很早以前，峄县棠阴附近有一棵老石榴树，粗大的树干两个人都抱不过来，围着树干发出的枝权方圆有数丈远。每年五月，石榴花开了，活像一座火焰山。到了中秋，一个个碗口般大的石榴挂满了枝头，有的裂了口，露出珍珠一样的石榴籽。吃几粒尝尝，又香又甜，连核儿都是软的。每年摘石榴的时候，外地商贩都争抢着从很远的地方来贩卖石榴。可是，这棵稀罕的石榴树被一家姓石的地主霸占着。他每天都叫一个狗腿子守着石榴树，还常常对人说："这棵树是三百年前祖上传下来的，树上结的石榴都是仙果，穷小子们谁要是吃了谁就会破了他家的财气。"因此，附近的穷百姓虽然天天从这棵树的旁边走过，可谁也未尝过这棵树上结的石榴是什么滋味。

　　有一年秋天，一个放羊的孩子从石榴树下走过，碰巧有个熟透了的石榴掉了下来，一落到地上，就摔开了八瓣，红光闪闪的石榴籽滚了一地。他弯腰拣了几粒放到嘴里。没想到被石地主看见了，石地主硬说他家的财气让这个放羊孩子给冲了，不但抢了他的羊，还把他捆吊在石榴树上，从清早打到晚，说是向树神请罪，活活地把孩子给打死了。

齐白石（1864—1957）《石榴多子图》

吴昌硕（1844—1927）《石榴》

再说这棵石榴树，由于活了老些年，吸着地下的甘泉，喝着天上的露水，本来就有些灵气，这次又喝了人血，一夜间就成了精。

第二年，石榴花开的时候，有一天，一群挖野菜的小姑娘拎着篮子从这棵石榴树底下走过，看到地上落满了鲜红鲜红的石榴花，每人就拾了一把拿着玩。其中一个叫玉兰的姑娘拾起来一朵双瓣石榴花，放到鼻子上闻了闻，说："咦！还有香味呢。"说着就把这朵花插在自己的头上。到了夜里，玉兰睡得迷迷糊糊的，突然觉得被窝里有个男人。她想叫喊，可喊不出声来。她想动弹，也动弹不了。天一亮，那个男人就走了。第二天晚上，玉兰怕那个男人再来，就早早地把门插好，又找了根棍子顶住。可是，当她一觉醒来时，身边还是躺着一个男人。天一亮，这个男人又不见了。她起来看看门，门插得好好的；摸摸棍子，棍子顶得牢牢的，她不由得头皮发麻，心里害怕起来。从此以后，玉兰就病在床上，再也起不来了。她不说话，也不想吃饭，不到一个月就瘦得只剩下一把骨头架子。玉兰娘看见女儿瘦成这个样子，就问道："儿啊，这些天来你吃不下喝不下，是有什么心事还是有病了，为娘给你找个先生看看好不好？"玉兰看瞒不住了，就一五一十地给她娘说了。玉兰娘听后就找来一个红线球，俯在玉兰耳朵上嘱咐了一番。玉兰一边流着泪，一边点着头。夜里，那个男的又来了。玉兰照娘说的，趁那人不注意，偷偷地把一把穿了红线的针别到他衣服上。天亮以后，人们看到玉兰屋里扯出的一根红线转了几个弯儿，别在了石地主家的那棵老石榴树底下。原来石榴精看上了玉兰姑娘，每天晚上都去找她。

石榴树成精的消息不到一晌午就传遍了周围几个村子。老百姓们本来就恨透了石地主，现在听说这棵树又成了精，在村子里害人，就拿了木锯、斧子来砍这棵石榴树。这一下可吓坏了石地主，他赶忙叫来一群狗腿子，想把来砍树的人们赶走。可是穷苦百姓们恨透了石地主，也恨透了他的石榴树，人们不仅没被赶走，反而越来越多了。这时几个胆大的后生冲到树下，举起斧头就砍了起来。一斧头下去，冒出一股黑乎乎的血水，两斧头下去，扑出一股又腥又臭的气味，接着一阵子怪风刮得天昏地暗，人们手里的斧头都让怪风卷走了。石地主不断地对石榴树磕头，嘴里还念叨着："树祖宗呀，再显显灵，把这些穷小子都弄死……"

正在这时，只听半空中有人说道："乡亲们不要害怕，俺张天师替你们捉妖降怪来了。"大家睁眼一看，只见一个白头发老道已站在石榴树旁。他说："你们赶快躲到十里以外的地方去，免得伤着你们。"百姓们听说张天师能降服石榴精，都呼啦一下走散了，只有石地主一家死死抱住石榴树，不肯离开。这时黑风越刮越大，铺天盖地的沙子直往张天师脸上打。张天师举起右手，手掌一张，只见一道闪电，接着天崩地裂地响了一声，一股黑烟直冲九天。声消了，烟散了，大家跑回来一看，石榴树被雷劈得粉碎，树皮木片竟飞出十几里远，石地主一家也和石榴树一起被劈死了。

（陈玉忠）

苍龙探海

山东有个峄县，峄县有个万亩石榴园，石榴园中有个园中园，园中园里有棵老石榴树，树身和树枝都弯弯曲曲的，头在东，尾在西，探在一条石崖上，活像一条龙在吸水，所以人们给它起了一个名字，叫"苍龙探海"。虽说这名字是人们给它起的，可它当真有着一段神话传说。

传说檀香女从天宫里偷了一把石榴籽，来到峄县。王母娘娘随后就派雷公电母追来了。雷公电母驾云走到半路上，迷了方向，正巧碰见从人间巡察旱情回来的水龙。雷公电母问："水龙，去峄县怎么走？"水龙问："二位，去峄县干什么"？雷公电母说："奉娘娘之命，去追石榴籽，去抓檀香女。"水龙问："追回石榴籽干什么，抓回檀香女怎么处置？"雷公电母说："追回石榴籽天庭上种，抓回檀香女天庭上斩。"水龙听完，用尾巴一指，雷公电母去了正西。

雷公电母去了正西就错了，这是水龙骗他们的。水龙这次在人间巡看旱情，看到处处河干井枯，地里冒了烟，石头都裂了口。百姓们渴死的渴死，饿死的饿死，凄惨异常。可王母娘娘还下令三年禁雨，五年禁雪。水龙更是恨透了王母。

雷公电母奔正西去了。水龙心想，好事做到底，我快去告诉檀香女，让她快快种了石榴，快快藏起来。于是，转身直奔峄县。

他暗落云头，来到檀香女跟前。檀香女见了水龙大吃一惊，还以为是王母娘娘派水龙来抓她的。水龙忙说："檀香女不要误会，你偷石榴籽的事，让王母娘娘知道了，她派雷公电母来追回石榴籽，还要把你抓回天庭处死。"话音刚落，只见乌云翻滚像一盘煎饼鏊子直压下来，只听见雷声隆响像一块大石头砸下来。水龙一看不好，忙喊："檀香女，快把石榴籽撒了。"檀香女把石榴籽撒了，雷公电母也来到了。

美木艳树（孙启路供图）

逗（颜炳珍摄影）

榴园秋歌（邵泽选摄影）

　　雷公电母刚才在半道上让水龙诓得好苦，跑出十万八千里去，这会又见水龙和檀香女都在这里，石榴籽也都撒了，又气又急，打了一个霹雷，把水龙劈昏在山坡上，又抽走了他的龙筋。水龙永远也站不起来了，檀香女也被抓回天庭去了。

　　五百年后，水龙醒了过来。他睁开双眼一看，当年檀香女撒下的石榴籽已长成了一片片的石榴林。虽说他全身瘫痪了，但还是高兴地流出了老泪。他对众石榴树说："我的筋被雷公电母抽走了，再也站不起来了。檀香女被雷公电母抓去了，再也回不来了。我对你们只有一个要求，要多为人间挂石榴。"众石榴树听后，都一齐点头。

　　为了报答水龙的恩情，人们动手在水龙跟前修了一条"海"，把山泉水引到他的身边，流向他的心窝。水龙很高兴，干脆化身为石榴树，为众石榴树站岗放哨，这就是今天的"苍龙探海"。

（褚衍伦）

青檀树精和石榴树精

青檀山上出了两种"奇树"——青檀树和石榴树。青檀树专门生长在石头上，而且专门生长在青檀山的石头上。如果你把它移栽到别的地方，不管你在土里刨坑，还是在石头上打眼儿，都栽不活。石榴树呢，你把它移栽到别的地方，倒也能活，但结出的果子不但小，而且味道也差远啦。这到底是怎么回事呢？听我细细讲来，你就明白了。

相传天上的御花园里，有两个精灵子，一个青檀树精，一个石榴树精。这两个树精在天堂上的御花园里住腻了，就驾起云头，向凡尘人间飘荡下来。

一天，这两个树精正飘荡在一座名叫青檀山的上空时，忽然有一道白光从山上向他们射来。他俩感到很奇怪，便按落云头，变作老头

吴昌硕（1844—1927）《石榴图》

的模样，站在山顶往下看。原来，这道白光是从一个山涧沟里射出来的。那是一眼山泉，白光是泉水折射的光。青檀树精游荡了这半日，早已口渴舌燥，眼见这泉水清澈透明，连忙伸手捧了就要喝。谁知石榴树精一把抓住青檀树精的胳膊，说："仁兄，你可千万别喝，俺想起来了，这眼山泉名叫'挣命泉'，人喝了会死，精灵子喝了会现原形。"青檀树精说："老弟，你怎么知道的？"石榴树精说："我先前是中原之灵，中原的山山水水，哪个俺不知道？"青檀树精说："老弟，你别说大话吓唬俺了，凭俺九千年的道术，喝了此泉的水，谅也无妨！"说罢就真的捧了一捧泉水喝了下去。没过半个时辰，青檀树精就感到头疼脑涨，翻肠绞肚，难受得瘫在地上直打滚儿。当他翻滚在一块大青石上时，终于承受不住现了原形，变成了一棵古朴苍劲的青檀树，树根就扎在这块大青石上。

　　石榴树精一看，吓坏了，心想，俺俩偷偷地逃离天庭，来到人间，青檀树精现了原形，留在这座山上，俺若回到天堂，王母娘娘知逢此事，能轻饶了俺？算咧，俺也喝上"挣命泉"的水，现了原形，陪着仁兄一同留在人间吧。想到这里，他也捧了一口泉水喝了下去。没过半个时辰，也感到头疼脑涨，翻肠绞肚，疼痛难忍。他像疯了一样向青檀山坡奔跑。跑着跑着，一头栽倒在山坡上，现了原形，变成了一棵石榴树。

　　从此，青檀山上便生长出了青檀树和石榴树。

（张亚东）

争艳（张延斌摄影）

石榴告状

清朝乾隆年间，峄县石榴园内出了桩稀奇事。这一年八月十五的晚上，园农李贵家里来了位投宿的陌生客人，四十来岁，一身农民打扮。李贵是个老实巴交的庄户人，就热情地招待他，拿了一个很大的石榴给他吃。这天晚上天气很好，月亮像个大红灯笼在天上挂着。客人跟李贵聊了一会儿家常，又看了会儿月亮，这才钻进小草屋去吃大石榴。他把石榴拿在手里掂了掂，足有三斤半，心想，怎么长得这么大？客人刚要剥去皮，大石榴突然说话了："冤枉冤枉真冤枉，我不告状谁告状？"客人吓了一跳，心想，这是谁说话呀？看看小屋里，除了他没别人。他实在想尝尝峄县石榴是个啥味。便掐了一小块皮扔在地上，当他又去掐的时候，大石榴又说话了："冤枉冤枉真冤枉，我不告状谁告状？"客人这回可听清楚了。可又不敢相信自己的耳朵，只得壮了壮胆子问："大石榴，你有啥冤枉啊？"

"有冤枉的不是我，是我主人李二哥。"

"李二哥是谁呀？"

"李二哥的兄弟叫李贵，他就是李贵的亲二哥。"

"李二哥有什么冤屈啊？"

大石榴哇地声哭了："李二哥呀，你死得好屈呀！"客人说："大石榴，不要太伤心了，有话慢慢说。"大石榴说："提起来，真叫人伤心。三年前的八月十五夜里，有个强盗抢走了李二哥的两筐石榴，李二哥摸了条棍子就追，一追追到石婆婆跟前，追上了，李二哥就喊：'来人啊，遭强盗了！'一喊不要紧，强盗狗急跳墙，一扁担就把李二哥砸死了。"客人把李贵请来一问。李贵说："这是没影的事。三年前我哥确实是不见了，到今天也没找到，谁知上哪里去了？"客人把石榴告状的事说了一遍，把李贵吓了一大跳，心想，石榴都想告状，肯定我哥有冤屈，可他又不相信石榴会说话。于是，客人就让石榴从头到尾又说了一遍。李贵又吃惊又难过，哇哇地哭了。

客人说："听说过几天八府巡按要到峄县来查案子，你去告状准有门。"

"哪个八府巡按呀？"

"就是刘墉嘛。"

李贵高兴地说："那可是个清官呀，俺一定去告！"大石榴说："李贵哥，李贵哥，上堂告状带着我。"

李贵说："带你干吗呀！"

"我当个证人呀！"

"好吧，就请你当证人。"

天一亮客人走了，李贵把客人送下山。

石榴园北边有座官山，官山前有片松林，松林前有个大石人，当地人都叫她石婆婆。那时，峄县有个老风俗，一到干年旱月，老天不下雨，庄户人就急红了眼，烧香磕头，用黄泥糊石婆婆求雨。这天，四外庄上的人糊石婆婆求雨，来了位算卦先生，到石婆婆跟前又烧香又磕头。有个无赖看见了，也不知在哪里喝得醉醺醺的，凑过去说："算卦先生真、真白搭，不知哪天把、把雨下，这、这个石人会说话，为、为何你不问问她？"算卦先生一愣神，仔细瞅了瞅这无赖："你怎么知道石人会说话？"

"是我亲、亲自听到的。"

"你叫什么名字？"

"大爷就是我、我的名字。"

算卦先生一听烦了，大喝一声："大胆刁徒，给我拿下！"也不知从哪里钻出来的四条大汉，呼啦下子就把无赖捆上了。这无赖一急，酒意也没了，大喊大叫："你们不讲理，

榴园秋色（庄隆玉摄影）

晨光（孔祥炜摄影）

黄金时光（郝艺摄影）

游客在"冠世榴园"旅游区采摘
石榴（孙启路摄影）

青天白日的乱捆人！"先生说："你砸死了李二哥。"无赖说："你是谁，敢血口喷人？"

算卦先生原来就是刘墉，前天晚上在李贵家里要吃大石榴的也是他。刘墉说："这个案子就在石婆婆跟前审。"无赖一听慌了神："老爷老爷你抓错了人。"

刘墉不理他。前天晚上大石榴对他说："杀人犯叫刁四，右嘴角上有颗痣。"错不了。就在这时候，李贵带着大石榴来告状了。刘墉问刁四："李二哥是你砸死的吗？"刁四说："老爷说我砸死李二哥，有谁做证？"

这时，大石榴突然跳到地上，一轱辘滚到众人面前，说道："俺来做证。三年前，八月十五月黑夜，你抢走了石榴，砸死李二哥。"

刁四一听石榴会说话，吓得两眼直眨巴。心想，完啦。又一想，高低不能说实话，就提精神壮壮胆，硬着头皮说："光有日期不算凭据，说我杀人谁见啦？"大石榴说："石婆婆见了。她骂你万恶万恶真万恶，你叫她别说别说可别说。"刁四说："你胡扯，这也不算凭据！"石榴说："既然刁四不认账，就请大伙跑一趟。"大石榴说完，轱辘轱辘地向山上滚，后边跟着一群人。滚呀滚，跟呀跟，一滚滚到卧牛洞，一跟跟到洞门门。大石榴一蹦，蹦到一块大石板上："快着挖，快着搬，李二哥的尸首在下边。"众人挖的挖搬的搬，果真李二哥的尸首在里边。

刁四一见尸首就吓坏了。赶忙跪在刘墉跟前："老爷饶命，老爷饶命。"刘墉对刀斧手说："推出去斩了！"两个刀斧手大喝一声，把刁四推出了卧牛洞，砍去了脑袋。

大石榴哈哈一笑说："平了冤报了仇，大石榴我要走。"说完轱辘一下滚出了卧牛洞，一蹦没影了。

（黄礼珍）

石头哥和石榴妹

　　传说古时候，东海边有个石头哥，峄州有个石榴妹。一根红线两头扯，拴住了妹妹拴住了哥。刀砍不断，锤打不烂，再大的狂风也刮不散。

　　石头哥为人和善，心灵手巧，最爱吹竹箫。只要石头哥的竹箫一响，鸟听了不飞，牛马听了不吃草，姑娘们听了不说不笑，都叫动人的箫声迷住了。石头哥的箫声，虽说又美又动人，可日子过得太贫寒了。

　　穷人为了养家糊口，只好到海霸巴心家里当船工。一天，石头爹出海叫风浪卷进了海里，巴心又抓走了刚满十六岁的石头去顶他爹的窝。石头娘哭出病来，不久就死了。一家人就剩下石头哥。

　　石头在东海边实在待不下去了。他听船工张大爷说，峄州有个石榴园，榴园里有个仙女叫石榴妹，最知道穷人的苦处，也最喜欢帮助穷人。石头心想，要是能找到石榴妹，那该多好啊！

　　一天，石头哥带着竹箫奔峄州去了。一路上不知受了多少累，吃了多少苦。这一天，石头哥来到峄州西边的深山里。走到一个叫葫芦峪的山坡上，实在走不动了，只好垒了个小石屋住了下来。他白天赶山寻找石榴妹，夜里就躺在柴禾窝里睡，渴了喝口山泉水，饿了吃捧松柏籽儿。一天过去了，找不到石榴妹；一年过去了，还是找不到石榴妹；一找找了三年整，连石榴妹的影子也没见着。石头哥夜里睡不着觉，就坐起来吹竹箫。箫声诉说着石头哥的心里话：石头石头好心伤，没有钱来没有粮，石榴妹呀石榴妹，快来救俺脱苦水。石头哥吹箫吹累了，就倒在柴禾窝里睡着了。

　　石头哥一觉醒来，天已大亮。他打个哈欠坐起来，打算到村子里讨口吃的，忽然听到一位女子的声音："石头哥，石头哥，竹筐里头有馍馍。"石头哥很惊讶，朝屋角一瞅，

甜蜜爱情（唐堂供图）　　　　古树榴花开满枝（李金强摄影）

果真有筐馍馍。石头哥不敢吃，站在那里发呆。

"石头哥快吃吧，不吃就凉了。"

"光听说话不见人，你是鬼来还是神？"

"说我是鬼不是鬼，说我是神不是神。"

"神仙姐姐，快出来叫俺看看吧。"

"我在这儿呢。"一转眼，女子就站在石头哥的面前。绿绿的衣裙，圆圆的脸，头上插朵石榴花，望着石头哥羞答答地笑。

石头哥看呆了，吃惊地问："你是谁？"

"不是妖来不是鬼，是你要找的石榴妹。"

"你就是石榴妹？是石榴园的石榴仙女？俺找你找了三年整，没有见到你的影，莫非我是在梦中。"

"不是梦中是实境，你的箫声吐真情，把俺引到这屋中。"

石榴妹把石头哥领到石榴园，二人在一起管理石榴树，日子过得很美满。石头哥离家五年了，很想回去看看乡亲们。这天他和石榴妹一起来到东海边。巴心知道了这件事，就定下了毒计，要害死石头哥抢走石榴妹。巴心家的使女知道了，偷偷地告诉了石头哥。石头哥叫着石榴妹连夜赶回石榴园。巴心知道了，带着家丁追到峄州西的和顺桥上。巴心骑在马上抓石榴妹，石榴妹一闪躲开了，巴心一下子摔下马来。家丁又去抓，也摔下马来。他们摸着屁股，哎呦哎呦直叫唤。

石榴妹气哼哼地说："想打俺的主意，算你们瞎了狗眼！你们不会做人，干脆让你们做狗吧。"她朝巴心和家丁一指，说声"变"，巴心和家丁立时变成了两条狗。

石榴妹说："要想重做人，还得看万年门！"

石头哥和石榴妹骑上巴心家的高头大马回到了石榴园。从此，二人相亲相爱，过着幸福美满的日子。巴心和家丁就成了看门狗，一直看到了如今。

（韩绪文　杨沛金）

石榴花为什么五月开

　　峄县境内有座青檀山，上下左右前前后后全是石榴树。每到麦子成熟的五月，花儿便争相开放。但你会不会想到：果树花儿都是开在万木吐翠的三月，为什么石榴花单单开在五月？

　　传说很多很多年前，青檀山上没有一把土，没有一棵树，全是雪白雪白的鹅卵石。远远望去像一潭清清的水，因此人们管它叫作"清潭山"。

　　清潭山南约三十里也有一座山，那是泉水叮咚、万木葱茏、百花争艳、蝶舞鸟鸣的好地方。因为住着修炼万年、变成绝世佳人的狐狸精母女，人们就叫它为寨山。

　　狐母献灵芝有功，被天宫王母认作义女。她仰仗天威，为独霸这块地方，每年五月麦子成熟之时，便念动咒语，喷出灵气，借东海风云，卷清潭山卵石，化漫天冰雹，将寨山至清潭山三十里土地的麦子毁于一旦，逼得千家万户背井离乡，苦不堪言。

　　清潭山下有户郭姓两口之家，母亲王氏，双目失明瘫卧在炕，儿子五月，聪颖无比，吹的一支好箫。五月十岁那年，一场冰雹砸的麦子颗粒未收，又逼得三十里村庄十室九空、不见炊烟。五月气怒难咽，欲背老母外出逃生。哪想母怜子幼，宁肯饿死也不离家门一步。只愁得五月天天守在娘的床前掉泪。先流的泪是晶亮亮的，后流的泪红莹莹的，点点滴滴入地面的石缝里。五月哭累了，睡着了，做了一个美好的梦。他梦见石缝里长出一棵树，结着两个果，果籽儿晶莹透亮像珍珠，又脆又甜，母子俩每人一个果子怎么也吃不完。五月笑了，笑醒了。天哪！娘的床前真的长出一棵树，结着两个果……

　　五月给这树起了个名字，叫"石榴"。从那起，再也不怕冰雹砸了麦子。因为每年三月，石榴树便开出两朵花，五月成熟两个果。够他娘俩不饱不饿吃一年。

　　五月不再为生活发愁，就日日吹箫。长到十六岁，那箫吹得能使狂风轻吟，北雁南飞。可就在那一年三月，石榴树依旧开出两朵花，五月却没有再成熟两个果。接着，一场冰雹又毁了田里的麦子，娘饿死了……

秋天是一首歌（梁克霞摄影）

五月抱着石榴树哭啊，哭啊，泪水点点滴滴落在未成熟的果子上。五月哭累了，睡着了。他又做了一个奇怪的梦，梦见果儿说了话："五月啊，你大了我不能再这么养活你了。"五月说："我往后可怎么生活啊？"石榴说："南面寨山住着修炼万年的狐狸精母女。狐母因要独霸三十里锦绣风光，年年五月兴妖作怪，逼走千万父老乡亲。你若想过上富裕生活，就带上你的箫，到寨山脚下安家，狐女会给你配作夫妻；如果你想让乡亲都过上太平日子，你就割下狐女的尾，用自己的鲜血泡成一棵石榴树栽到清潭山顶，到那时狐妖自除，永无天灾。"说罢，石榴树便没有了……

五月惊醒了。一看，娘的床前真的没了那棵石榴树。五月信了石榴果儿的话，决计要让乡亲都过上太平日子、富裕生活。他揣上柴刀，吹起竹箫，来到寨山脚下，砍几根枯木，拔一片山草搭起窝棚。饿了吃野果，渴了饮朝露，日日向着山上吹那动听的箫。吹呀吹呀，吹的树叶儿黄了，草棍儿枯了，见到的是凄厉的寒风，狂舞的飞雪。五月愁了，五月累了，五月冷了心……可他一刻也没停止吹箫。因为每当他想歇息的时候，眼前就会浮现出漫天冰雹、逃荒的乡亲。终于，他的箫音溶化了冰雪，染绿了草木，引开了野花，迷来了蝴蝶。

寨山上的狐女狐母早已迷上了五月的箫音，她们都想下山去坐到吹箫人的面前听。可见凡人一面须折百年仙寿，因而只得强制自己坐在"十八颠"上听。后来，狐女再也坐不住了。一夜，乘狐母打盹儿，便跳下"十八颠"，坐到奶奶庙的门前听。怎奈离得越近越感到箫音美妙，她便身不由己地渐渐靠近了茅草房。她不敢再向前了，便坐在一株桃树下。听啊，听啊，只听的星落了，日出了，恢复不了原形回不了山，这才大惊，失声痛哭起来。

五月听到了哭声，走出茅草屋，只见树下坐着一个美得不能再美的女子。五月一见再也举不起箫，他欲前去问她为啥啼哭，把她劝慰。谁想刚刚迈出房门，只觉迎面一般阴风扑来。五月惊骇，定睛望去，只见她那罗裙之下半尺狐尾摆动……

五月明白，狐狸精下山来了。他乐得想跳，没敢跳。他想抽柴刀上前砍她的尾，又怕她受惊逃走。他灵机一动，又吹起了竹箫。狐女听到五月缠缠绵绵、动人心魂的曲子，止住了泪，掩面定睛望去，只见他那浓眉下的双目坦露着无私和真诚。狐女再也控制不住自己的感情，坐在五月身旁。五月见时机已到，便偷将柴刀抽出切向狐尾。突然，一股黄风从寨山之上滚滚而来，一个声音高叫着："死妮子，上当了，受了骗，五月要把你尾巴砍！"狐女一听顿时惊惶抽身，五月哪还肯放？一把将狐尾揪住，举刀就砍。狐母见此便从暗中伸出利爪，直向五月心窝抓来。狐女虽不愿被割去尾巴，更不愿母亲伤害自己钟情的男子，便扬起手挡住狐母。乘此机会，五月手起刀落，狐女一声惨叫扑倒在地。狐母见狐女尾巴已被割下，便嚎叫一声离去。

狐女醒来，摸摸屁股后只剩下一个血茬儿，便含泪跪求五月："我无尾难复原形难回山，母女再也难团圆。求你还给我，我夜夜来陪你，永不忘恩典。若不然，我母定会拆散咱的好姻缘！"五月说："任你母把我碎万段，想讨回狐尾难上难！你若心爱我，就长留草庵莫回山！"狐女见他说的话太死，只得叹气摇头，决定和五月做起人间夫妻。狐母哪容他们安宁，每夜都在山上哭嚎："五月，还我女儿！五月，还我女儿！"哭嚎一罢，便潜入茅庵欲加害五月。狐女哪忍让其害死五月，每夜都紧紧搂抱着他并苦苦哀告母亲手下留情。狐母虽狠，但见女儿着实可怜，便放弃了恶念，心思又用在麦子成熟的时候。

眨眼间，麦子吐穗了。狐女这时也怀了孕。她把这喜事告诉五月，五月只淡淡一笑。她让五月吹一支曲儿，五月举起箫却没有吹出音儿来。狐女愣了，她这才知道五月得了病，病得笑不出来吹不响箫。可任凭她咋追问，五月只说没有病，每夜仍乘狐女睡时起身到外面转一遭，狐女劝也劝不住。这夜间，他又起身到茅庵外面去。狐女起来随后看他究竟干什么。可她怎么也没想到，五月跑到清潭山上，用刀断咽喉，喷血泡她的尾。三口鲜血喷在狐尾上，尾毛儿便化成一个树丫儿！狐女偷偷数了数，那树丫有七七四十九个，每个树丫头有七七四十九个叶片儿，每个叶片下护着七七四十九个骨朵儿……哦！狐女想起来，自打母亲不来草庵闹，距今整整是七七四十九天了……

狐女哭了，哭得好伤心。她心疼五月喷血泡狐尾，她怨恨五月不告诉她为什么把狐尾泡变树。她跑到寨山上，跪求狐母替她拔掉这棵她丈夫的树。狐母本不答应，但见女儿跪而不起，又见麦子已经成熟，便应承下来。她念动咒语，借来东海风云，喷一口灵气，卷起清潭山卵石，然而卵石却没有再变成冰雹，而是化作圆圆的果儿挂到了"狐尾树"上。狐女呆了，狐母惊了，只听她把牙齿咬的"咯咯"响，又喷一口灵气，直把那树折的枝条纷纷断落，然后漫山飞舞。可狐母万万没有想到那枝叶落地立时成树，卵石随之变作果儿挂满枝头，清潭山刹那间变成了青檀山。狐母强打精神再喷一口灵气，但见乌云散去，和风轻吟，万亩麦海喷香。五月坐在石榴树杈上，悠然地吹奏起竹箫，箫音飘落之处绿水潺潺，鸟语花香，牛羊遍野，鱼儿满塘……狐母大叫一声："邪不压正啊！"便气绝现形，跌进"十八颠"下深渊。狐女至此方知丈夫受了神灵点化才不惜舍身除妖，深为感动，含着眼泪和五月相视而笑。那枝条上的石榴果见他小两口那味儿，全都忍俊不禁"卟哧"一声笑了，笑得脸上开了花儿。五月见此，装作严肃地说："就这吧！"谁知一句定了季节，石榴花年年就在五月开了。

(孙晋强)

白果树与石榴树王

　　大运河北岸的坊上村，有一棵白果树，据碑文记载："此树植于唐，迄今逾千年，高十八尺，合抱四围。"传说，它与峄县青檀山上的白果树是兄弟俩，曾救过峄县石榴园内石榴树王的命。

　　相传，峄县西青檀山，原是牛郎织女居住的地方。他们相亲相爱，男耕女织，生活得非常美满。织女的妹妹檀香常来看望姐姐，因此也非常羡慕人间的生活。

　　这一天，正逢王母娘娘寿诞之日，檀香趁众仙酒醉之机，偷走石榴种献给了姐姐。通过牛郎夫妇的精心培育，石榴树慢慢地长大了，成了远近闻名的石榴园。从此，人间享受着丰满可口、甘甜无比的人间仙果。几年后，消息传到王母娘娘那里，她恼羞成怒，认为石榴是天宫仙果，人间是不应享受的。当即派遣雷公电母，将檀香女处死。

　　牛郎和织女得知檀香妹妹被害，悲痛至极。为纪念妹妹，给他们所居住的山取名叫"青檀山"。

　　处死了檀香，王母娘娘仍不肯罢休，又派遣天兵天将降临大的冰冻，要将人间的榴树全部冻死。石榴树王知道这一消息后，慌忙找到青檀山上的白果树，双膝跪倒说："王兄，小弟原为天宫贵果之树，因供给人间甜蜜的石榴，王母娘娘怪罪下来，降于我们灭门之祸，望王兄相救则可！"青檀白果树王听后，长叹一声，摇了摇头，一时没有想出办法。榴树王满眼噙泪说："如今小弟大难当头，难道王兄袖手旁观不成吗？"青檀白果树长叹一声道："不是为兄见死不救，可我道浅力微，实难相助。"石榴树王茫然了，为难之时，深情回忆："檀香为把我们传至人间，血染黄泉，织女夫妇把此看成盖世榴园，意在为民造福，我等刚能为世人酿甜结蜜，就匆匆离世，怎能对得起九泉之下的檀香女？又怎对得起养育我们的织女夫妇？我不希望偷生，而是希望把果实传留万代，如

石榴树王（全石摄影）

果全都冻死，世人再也不能享用石榴仙果了。"于是，对天长叹："苍天无情啊！"白果树王听了石榴树王的话百爪挠心，忽然心中闪出一个念头，一把抓住石榴树王的手说："运河北岸的坊上，有我一位兄长，心地善良，扶困济难，我陪你求助于他，兴许能出手相救。"

它们腾云驾雾来到坊上，见到白果树王后，叩头问安，说明来意。这位心地善良的坊上白果树王听罢弟弟的诉说，恨透了王母娘娘的自私、专横，发誓要上诉天庭，为民请命。

"大王，上诉已经晚了，冰冻马上就要降临了！"石榴树王两眼直愣愣地看着大王。大王一时没了主意，只是踱来踱去，想不出好办法。"大王，您可要想想办法啊！"石榴树王再次双膝跪地。大王急了，眼里流下两行老泪，痛苦地说："王弟，我力量有限，只能救你一人。""不，大王，我年迈体弱，无所作为，即使留在人间，也无意义，我有一孙孙，十分聪明，自幼就立志为民造福，就把他留在人世，繁衍后代，造福于民吧！"大王听了石榴树王的话很受感动，不惜年迈体弱，脱下了自己的千年毛翁和衣罩，双手捧给了石榴树王。檀山白果树王也把自己唯一的一顶帽子脱下献给了石榴树王。

王母娘娘的残酷冰冻降临了，众榴树和老石榴树王都被冻死，而老石榴树王的小孙孙在两位白果树王的相救下，成活下来，成为今日"冠世榴园"中的石榴树王。

今日可见，运河北岸的坊上白果树，根露在外面，像人没穿鞋子一样；青檀山白果树顶端很尖，像人没戴帽子一样。

一天，坊上白果树王托梦于石榴园的一女娃："吾乃坊上白翁，当年不惜千年毛翁，救下石榴树王，如今吾仍赤足，望汝救驾。"该女娃醒来，第二天一早，来到坊上白果树前焚香摆贡，为白果树盖上厚厚的土层。

如今，坊上白果树枝繁叶茂，威武无比。

（古邵镇人民政府）

牡丹石榴的传说

　　很久以前，在山东菏泽市牡丹区鲁西南大平原上，有一个刘姓的庄户人家，家里有三十亩良田，栽的都是石榴树。每年五月到七月，石榴园变成了花海，红红火火，非常壮观。石榴花开五瓣，柔若丝绸，艳如彤云，灿若朝霞。石榴花后现果，渐渐由青变红，像一个个红灯笼、红绣球挂在树上。到了八月，石榴熟了，乡邻都来摘石榴，石榴籽如红色的宝石，果粒酸甜可口多汁，营养价值高。品尝分发之后，刘老汉就拉倒集市上把石榴卖了，换回不少的粮食和银子，日子过得很殷实。

　　慢慢的刘老汉年纪大了，石榴园里的活渐渐地干不动了，但膝下只有一个女儿，年方十六，名叫小花。老伴就对刘老汉说，你年龄大了，女儿还小，这几十亩石榴园的活，我们自己忙不过来，还是找个帮工吧，刘老汉点头称是。于是他们就在邻村找了小伙，年龄十八，名叫二牛。这小伙既老实，又肯干，一家人都很喜欢。这样二牛在刘老汉的指教下，在石榴园里除草、施肥、浇水、修剪，石榴结得又多又好，日子过得一天比一天好。

　　随着时间的推移，小花对二牛产生了好感，慢慢地爱上了二牛。刘老汉不同意，嫌二牛家穷，门不当户不对。可小花非二牛不嫁。刘老汉望着满园石榴花，只好说，咱这石榴花是单瓣的，如果二牛能让石榴花开成千层重瓣的，像牡丹花一样，我就同意你俩的婚事。这可难住了二牛和小花。二牛和小花整天在石榴园里看呀，找呀，就想尽快找到千层重瓣的石榴花。一年过去了，没找到，又一年过去了，还是没有找到。

　　二牛还不气馁，白天认真干活，夜里就拜花神。终于有一天花神显灵了，花神说，你们菏泽不是牡丹之乡吗，你在石榴园里栽些牡丹花试一试吧。第二天，二牛挖了五棵牡丹，分别栽到石榴园的四个角和中间，每天都看见几遍，尽心呵护，牡丹和石榴长得都非常好。石榴花神被感动了，就下令三十六棵石榴树，把石榴花开成千层重瓣的，到第三年四月牡丹花开过，满园的石榴花也开成了牡丹花，都是千层重瓣的，极为漂亮。小花赶紧把刘老汉拉到石榴园，让爹爹兑现诺言。可是刘老汉摇摇头说，石榴花仅有红花重瓣的还不够，还得有白花。

小花和二牛都愣住了，没想到刘老汉这样说。没办法，二牛只得依旧在石榴园干活，晚上依旧拜花神。这样二牛又拜了三年花神，花神感动了，下令一部分石榴树开白花。到五月，有十六棵红花牡丹石榴树开满了洁白的花朵，像颗颗白玉镶嵌在绿色翡翠之中，晶莹剔透，和红花石榴交相辉映，极为漂亮。小花赶紧把爹爹拉过来看，可是刘老汉又摇摇头，有了白花石榴还不够，还得有黄花。

小花和二牛又一次愣住了，小花生气地和爹爹说理，可是刘老汉头也不回地走了。二牛只好到地里干活，晚上还是虔诚地拜花神。这样又拜了三年，到了石榴花开的季节，那十六棵白花石榴树，有八棵石榴树开了黄花，黄花石榴花中带粉，粉中有黄，黄中有绿，妙不可言。原来，白花石榴树看小花和二牛他们俩感情挺真挚的，就请求石榴花神把白花石榴变成黄花石榴。小花和二牛高兴地把刘老汉拉过来，没想到刘老汉又摇摇头说，有了黄花石榴还不行，还得有红白相间、红花白边的玛瑙石榴。

听刘老汉这么一说，小花和二牛彻底绝望了，两人抱在一起痛哭起来。这时天空飘来了石榴花神，石榴花神说，你俩快起来，别哭了，不要怪你们的老人，老人一是考验你们的感情，二是激发你们的潜力；只要你们努力，有情人终成眷属。听了石榴花神的话，小花和二牛立马振作起来，继续在石榴园里修剪呀、管理呀，认真地打理呵护着每一棵石榴树。

又是三年过去了，到了五月石榴开花的季节，小花和二牛在石榴园一棵一棵地找啊，找啊，终于在四百八十棵石榴树上找到了八棵玛瑙石榴。只见那玛瑙石榴花，红花白边，千层重瓣，柔若丝绸，灿若朝霞，花簇丛生，犹如一颗颗玛瑙挂满枝头。花开形如绣球，花如牡丹，花径8～12厘米，极其神奇。真是万千宠爱于一身，千娇百媚石榴树！

峄城榴花赛牡丹（侯乐峰摄影）

小花和二牛急忙把刘老汉拉过来，刘老汉看了哈哈大笑说，功夫不负有心人，全天下三百零八种石榴，千层重瓣的牡丹石榴有四种，四种花色，都有了！你俩终于成功了，我说话算数，你们俩可以成亲了！小花和二牛深深地给刘老汉鞠了一躬，手拉着手跑进石榴园里敬拜石榴花神去了。

（冯春贤）

为什么把山楂叫作石榴

　　青州市王坟镇是中国山楂加工第一镇，当地人却把山楂称为石榴。某村一个九十二岁的老人给我讲述了这样一个故事：

　　相传在很久很久以前，在王坟镇东胡溜有一位非常善良而且非常漂亮的姑娘，名叫石榴。到底有多漂亮呢？据说她面庞清秀，蜂腰细腿，身姿婀娜，皮肤是白里透着红，红里透着白，娴静好比花照水，行动好似风拂柳，沉鱼落雁都不能与之相比。反正你能

‘秋艳’丰产园（郝兆祥摄影）

天浆（唐堂供图）

榴园即雨（徐凤誉摄影）

想到多漂亮，她就有多漂亮。而这样一位胜似天仙的姑娘却生活在一个极其贫寒的家庭。石榴出生的时候，母亲因难产而早逝。从出生那一刻起，石榴就哭啼不止，整整哭闹了九九八十一天才安静下来。不幸的石榴从此只能和父亲相依为命。

突然有一年，家乡闹起了瘟疫，老百姓称之为人灾。许许多多的百姓因不明原因的疾病不治而亡。而且随着瘟疫的大面积流行，死亡人数与日俱增。家乡严重的灾难让石榴的父亲看在眼里，急在心里。他立志要找到一剂治病救人的良方。于是，石榴的父亲背上荆筐，带上镰刀，走遍了附近大大小小的各个山头，不辞辛劳，遍尝百草。白天上山采药，晚上亲自熬制汤药。为百姓治愈了许多疾病，但对流行的瘟疫却束手无策，始终找不到医治的办法。身为小有名气的大夫，面对肆虐的瘟疫无可奈何，石榴的父亲既悲愤又气恼，终于积劳成疾，在一个风雨交加的夜晚在悲愤的心绪中撒手人寰。

处理完父亲的后事，善良的石榴决心继承父亲未完的遗志，发誓将这条路继续走下去。年轻的石榴从此开始了风餐露宿的野外生活。饿了吃野果，渴了喝泉水，白皙的皮肤被山棘划出道道血痕，柔嫩的双脚磨出了厚厚的硬茧。

石榴的诚心终于感动了上天。有一天，石榴走得实在太累了，就靠在一棵大树下疲惫入睡。这时候有一自称天外仙人的银须老者驾云而来，托梦于石榴。仙人问：可怜的孩子，你真的希望能为百姓解除痛苦吗？石榴答：对对对，只要能治愈百姓的疾病，就算献出我的生命我都愿意！仙人说道：好吧，那就成全你这个善良的姑娘。距此不远有一山，名曰清风寨，清风寨上有一洞，名曰二仙洞，二仙洞下有一块巨石。明日寅时你在这块巨石上面朝东南而坐，我会将你变成一棵茂密的大树，此树生绿叶，开白花，结红果。让百姓们采果而食，摘其叶用泉水冲泡而饮，自然药到病除。

石榴二话没说，不加任何思索，高兴地答应了。次日，按照仙人的指点，石榴找到这块巨石，面朝东南，满心虔诚。历经三天三夜之后真的长成了一棵大树，绿叶葱茏，白花盛开，红果鲜亮。

后人为纪念这位舍身救人的姑娘，将此树命名为石榴树，果实称为石榴果。每个饱满的石榴果都会长出五个明显的棱角，因为那年石榴姑娘刚满二十五岁。

神鹰

从前，有个王爷得了个怪病，只觉得饿得慌，就是吃不下饭。让御医检查，五脏六腑都没啥毛病，药吃了百味，仍不见好。逐渐面黄肌瘦，眼看就要死了。一天，忽然来了一位云游道士，对王爷说："九顶铁叉山上有两只神鹰，只要听到雄鹰和雌鹰各鸣叫一声，什么病都会不治而愈。"王爷听后，就派大王子到九顶铁叉山去捉神鹰。

于是，大王子就向九顶铁叉山进发。走呀，走呀，走了七七四十九天，才来到山脚下。他看见一座茅屋，茅屋前有位老人，穿着破烂衣服，头发一直披到脚后跟。大王子就问："老头儿，你说神鹰住在哪儿？"老头儿低头没理他。大王子问到第三遍上，老头儿才往山上的悬崖方向一指。大王子气哼哼地说："等着吧，老头儿，等我捉到神鹰再来收拾你！"拔腿往山上爬去。

再说王爷，在家等了半年不见大王子回府，就派小王子去接他哥哥。小王子也走了七七四十九天，来到九顶铁叉山下，见到了那位长发老人。小王子问道："老大爷，您能告诉我神鹰住在哪儿吗？"老头儿低头没理他。小王子就耐心等待，一直等了一个时辰，老头儿才抬起头来，把小王子上下打量一番说："你不是来过一次吗？"小王子说："你说的是我哥哥吧！""怪不得面貌很像。你也是来捉神鹰的吧？"小王子说："是呀，您老人家知道它在哪儿吗？"老头儿说："九顶铁叉山，九座山峰，中间山峰下面的绝壁上有一棵大松树，神鹰的窝就在树上。每天晚上，神鹰就回到窝里，先梳理羽毛，后睡觉。当它梳理羽毛时，你不要在树下。羽毛落到身上，你就会变成石头。"小王子闻听此言，大哭起来："那我哥哥一定变成石头了！"老头说："不要紧，只要你抓住神鹰，你哥哥就会得救的。"他给小王子一把小刀和一个石榴，说："到了树下不要睡着了，要是打盹，就用小刀在胳膊上划一道，把石榴液汁滴在伤口上，就不打盹了。"

小王子来到大松树下，天已快黑了。他又累又乏，不一会儿就打起盹来。他拿出小刀在胳膊上划了一道口子，然后把石榴液汁挤上两滴，好疼啊！可是不瞌睡了。到了半夜，他又打盹了，又把胳膊划开一道口子，滴上石榴汁……不一会儿，两只神鹰飞回来了，落到树上梳理羽毛。忽然，一只羽毛飘飘悠悠落下来，小王子一闪身躲在一边。神鹰梳理完羽毛就睡着了。小王子便悄悄爬上树捉住了神鹰。他请求神鹰说："雄鹰雌鹰叫一声，救救我长兄。"神鹰叫后，树下的一块大石头一下子变成了大王子。大王子知道原委后，非常后悔，找到那长发老头儿道歉。那长发老头儿就是长毛李大仙。

　　他们兄弟二人把神鹰带回王府，治好了王爷的病后，又把神鹰放回了九顶铁叉山。

（刘维水）

冬榴（徐福淮摄影）

———— 中国石榴传奇 ————

天降瑞果

古时候，天地混沌，洪水肆虐，淮河中游的涂山氏国，一片汪洋。为拯救黎民于水患之中，大禹受舜帝派遣，接替父亲鲧王的职务，率领治水大军在涂山脚下，劈山凿涧疏导洪水。风一阵紧一阵地刮，雨一阵紧一阵地下，雷鸣电闪，淮水暴涨，浊流遍野。人畜禽兽的尸体和枯草腐木随波逐流，水体散发出浓浓的腥臭味，三两里处都能闻到。治水大军饿了吞干粮，渴了喝洪水，腹痛腹泻的逐渐多起来。轻病号头晕乏力，哼哼叽叽，蹲在茅坑半天出不来；重病号上吐下泻，躯体脱水，奄奄一息。大禹与群臣商议，能治该病者重重有赏。传令下去，前来献计者寥寥无几。偶尔得到一二偏方，试之也无济于事。再说，就是有可治之方，患疾者数以万计，又何来那么多草药呢？眼巴巴地望着患者越来越多，十万人马仅剩下两三万人能出工，大禹心急如焚，仰天长叹："苍天啊，难道要置大禹等人于死地不成？"凄厉悲壮的声音在峡谷中撞击回荡，直冲到九霄云外的天宫。这一天，正值玉皇大帝上早朝，隐隐约约听到下界人声嘈杂，似乎有人在大呼。于是派"千里眼""顺风耳"前去探个虚实。二神驾起祥云，转眼来到南天门外，手搭凉棚，抬眼一望，侧耳一听，很快得知事情的由来。二神不敢怠慢，急回天宫，禀报玉帝。玉帝听罢，大吃一惊，原来是凡间妖怪作孽，不降此妖，大禹岂能治理洪水？人间岂能安宁？玉帝两眼扫过殿下站立的各路神仙，高声问道："哪位爱卿可降服此等妖孽？"太上老君见玉帝连呼三遍无人应答，上前奏道："此妖乃天地造化之物，擅长隐身之术，看不见，抓不着，藏在尸体和污水之中，人接触尸体或饮用污水，妖孽必钻入人体内，轻者腹泻，重者脱水，不日即死，神仙也难剿灭此妖。"

救人一命胜造七级浮屠，玉帝听罢勃然大怒："难道我堂堂的天宫连降服这小小妖孽的本领也没有？"老君听罢连忙奏道："陛下息怒，常言道'石膏点豆腐，一物降一物'，

吳昌碩（1844—1927）《石榴》

庚辛之桃難手移石榴啖勝轢荔支榴皮薜上儂題詩人非東老小辭顏壽翁下筆詩尤奇非僊神奚紀賀恂仁兄五十六壽頌之乙丑春吳昌碩時年八十二

老树新果（李焕俭摄影）

此妖虽说天兵天将奈何不了它，但有一棵树仙可克之。"玉帝听罢怒气顿时消去，下了御案来到老君跟前说："老爱卿博学多才，何不道出锦囊妙计？"老君慢声细语地说道："王母娘娘御花园中有一株修炼万年的石榴仙子。这石榴既是水果，可以健脾益胃，生津化食，延年益寿，又是一味神药。其果皮味涩而性温，是医治久泻久痢等症的妙方。克此妖孽者，天宫非石榴仙子莫属也。"玉帝听罢大喜，当即传旨，宣石榴仙子即可下界，在涂山周围广播榴种，连夜开花结实，拯救人间生灵，帮助大禹治水，造福万民，成就帝王大业。

话分两头。且莫说石榴仙子乘着夜色腾云驾雾，在涂山一带耕耘播种。单道那大禹等治水大军，在疾病折磨中又煎熬过了一个不眠之夜。次日清晨，起身一望，天降祥瑞，漫山遍野不知何时冒出了一株株枝叶茂盛的伞形果树，树上挂满了火红火红的圆形果实。微风拂过，暗香浮动，令人垂涎欲滴。"贫不择妻，慌不择路，饥不择食，病不择医。"面对秀色可餐的果子，几位腹痛难忍的患者，跌跌撞撞爬到树下，摘下果子，不问好歹，张口就咬，连皮带果粒囫囵吞了下去，心中默默念叨："但愿这红果子有毒，吃下就死，少受这等折磨。"没想到腹中自下往上，咕咕作响，丹田之火自下往上徐徐上升，顷刻

榴园美景（张孝军摄影）

之间，腹不疼，人不泻，不但疾病消除，比平时没生病还精神十倍呢。此事一传十，十传百，百传千，很快传到了大禹耳朵眼里。大禹听了半信半疑，着人一试，果然灵验，胜似仙丹妙药。"好，好，真乃天助禹也！"大禹说罢，高兴地传令群臣，凡拉肚子、腹泻者，可连皮带肉生食此果。

从此，涂山氏国留下了石榴仙子飞落人间，帮助大禹驱妖除病斗洪魔的故事。涂山荆山的石榴也因玉帝所赐，品种好，长势旺，果个大，口味甜，产量高。就是树龄千年，也果实累累，生机盎然。后人有诗为证：春花落尽石榴开，阶前栏外遍植栽。红艳满林染月夜，晚风轻送暗香来。

（李焕俭）

横竖不够料

从前，荆山脚下住着个叫张憨子的人。张憨子是三棍子打不出个屁来的老实汉子，平日只知道与土坷垃庄稼苗打交道，连左邻右舍的门都不串，更甭说到张庄喝个闲酒，去李庄赌个小钱啦。因为家穷，父母去世早，又没有兄弟姐妹和姑娘舅舅牵线帮忙，年近三十还是光棍一条。这年，淮河两岸遇到大旱灾，庄稼旱死，颗粒无收，地主还一个劲地逼着交田租。张憨子连锅都揭不开，哪有钱粮交租子？万般无奈，他想到了死。这天下午，他拿起绳子，来到茅草屋后的石榴树下上起吊来。那绳子一头拴到树上，一头套在自己的脖子上，两腿一蹬，两眼一闭，就等着死。没想到"趴"的一声，绳子断了。再重新系好，又"趴"的一声断了。如此三番五次死不成，张憨子痛心地哭了起来："妈呀，这死不了，活不成，往后的日子怎么过呀？"正当张憨子哭到痛心之处，就听到身后有个声音响了起来："张贤弟，死不得，死不得呦，这好日子还未到，怎么能死呢？"张憨子睁开眼一瞧，是个背葫芦拄拐杖的瘸腿老人。"老人家，这是为何？难道我连死都不成吗？"老人说："生死由命，富贵在天，你天庭饱满，相貌堂堂，将来必定大富大贵，怎么能说死就死？你若不信你看看，这漫山遍野的石榴树如果横竖够棺材料，那么你才会死。"张憨子想，这石榴树棵棵都长的又粗又直，怎么不能打棺材呢？于是他随手指着一棵石榴树说："老人家您来看，这么粗这么高的石榴树难道不能打棺材吗？"老人听了哈哈大笑，用扇子朝石榴林一扇，可了不得啦，一棵棵石榴树变得又矮又弯又细，树身上还长满疙疙瘩瘩的树瘤子。张憨子还以为自己看花眼了，跌跌撞撞来到石榴树下，摸着树干看了又看，顿时又哭了起来："怎么是这个样子了呢？难道石榴树打棺材，真的横竖都不够料！"哭干了眼泪，张憨子渐渐明白过来，心里琢磨着："老人说的对，不死也罢，这是天意难违啊！"

龙腾（唐堂供图）

庆丰收（唐堂供图）

石榴红了（唐堂供图）

　　上吊没死成却交了一个朋友。经瘸腿老汉指点，张憨子靠外出帮工度过灾荒，来年回家后，他按老汉的指点，将家前屋后的乱石坡全都栽上了石榴树。靠卖良种石榴发家，不几年工夫，就还清了欠债，盖起了房，还娶了房漂亮的媳妇。

　　据说，这瘸腿老汉就是云游四海的八仙铁拐李，石榴树打棺材横竖不够料的歇后语，也就是从那时传开的。

（李焕俭）

榴仙下凡

　　相传，天上玉皇大帝的御花园中有七株修炼万年的树仙姐妹。七姐妹整年累月被禁锢在天宫，东不能挪，西不能去，日久天长，便对这种生活厌倦起来。闲来无事，常窃窃私语，诉说着人间的幸福自由，流露着对天宫的不满。大姐梨仙说："整天关在天上，闷死我了。"二姐桃仙说："王母娘娘一年到头只知道让我们开花结果，哪管姐妹的死活。还是人间男耕女织，自由自在好。"三姐榴仙说："禹王爷在涂山脚下治水，用那开山神斧在人间劈出一个龙女湖，那湖水碧波荡漾，可清可美了，比天上的瑶池不知好多少倍哩！我们何不找个机会去那儿散散心……"

　　榴仙的话一出口，众姐妹七嘴八舌，都说好，就这么办！一天晚上，王母娘娘在瑶池举办蟠桃宴会，守园的天神多吃了琼浆玉液，昏昏睡去。机不可失，大姐梨仙穿起洁白的素裙，二姐桃仙、三姐榴仙穿起红色的彩裙，四姐、五姐、六姐、七姐也各自穿上漂亮的衣裳，驾起云头，一阵风似的飘临龙女湖的上空。啊！这龙女湖真的太美了，一湖清水在月光的照耀下碧波粼粼。湖心有一石岛，岛上巨石如床，光洁如玉。岛岸细沙连绵，银光闪闪，温馨可爱。七姐妹按下云头，飞落岛上，在水中尽情地追逐、嬉戏，湖面不时传来阵阵银铃般的笑声。

　　俗话说乐不思蜀，姐妹们无忧无虑，只顾玩耍，早把偷偷下界违犯天规之事抛到九霄云外。他们追着闹着笑着，不经意间，东方露出一抹霞光，报晓的天鸡叫了。"不好了，时辰到了，快走！快走啊！"七姐妹慌不择路，在水中连跑带跳，急匆匆上了岸，不问白衣红裙，抓起来就往身上套。慌乱之中，三姐榴仙穿上了大姐梨仙的洁白素装，大姐梨仙则穿上了别的妹妹的裙装……

　　且说众姐妹衣冠不整，还在匆匆忙忙往回赶，早有值夜天神报告了王母娘娘。王母娘娘一听脸色徒然大变。天有天条，家有家法，这事若不重重处罚，偌大的天宫岂不乱了方寸？于是传令天兵天将，将七姐妹捆绑起来，打入天牢。这天牢，上有闪电击打，下有毒虫叮咬。金枝玉叶般的树仙姐妹哪能受得了这等折磨，有的哭哭泣泣，有的唉声叹气，有的脸色苍白。三姐榴仙见了，对守牢的天神说："一人做事一人当，这私自下凡之事与姐妹们无关，全是我一人的主意，要打要杀要剐全凭你们发落，别伤了无辜的姐姐和妹妹。"玉帝和王母得知，心想，榴仙这丫头还真不怕死呢。于是亲自审问，刀砍雷劈，石榴仙子面不改色心不跳，一口咬定是自己逼着姐妹们陪着违规下凡的。玉帝和王母回想榴仙平日侍奉有功，又念其有仙骨侠胆，勇担罪责，于是死罪免去，活罪不饶，即刻将石榴仙子打入凡间，永世不得录用。就这样。三姐榴仙来不及换装，穿着大姐梨仙那套洁白的素装来到龙女湖畔的涂山，从此，怀远涂山就有了开梨树一样白花的石榴树。

（李焕俭）

榴园雪祭（李树民摄影）

白龟泉

怀远荆山北麓石榴园中有一条山洞，古时候，山洞中住着白龟和它的一群儿孙。老白龟甲壳白似羊脂，美如碧玉。粗壮的爪子上龙鳞似的鳞片一片连着一片。鹰头状的龟头绿中泛着幽光。行走四爪直立，龟甲悬空，摇摇晃晃，一副老态龙钟的样子。它有多大岁数，千百年来那可是个谜。别看这老白龟苍老，却是个灵性之物。龟儿龟孙们在它的调教下，从不糟蹋园中的花果苗木，还专拣害虫、野草吞食。久而久之，老白龟与园主人宫老汉相处得可好啦。调皮的孩子进石榴园捕捉小白龟，宫家人见了马上阻止："龟与龙凤麒麟是祥瑞之物，捉不得，捉不得！"碰到刺猬、野猫、狐狸什么的偷猎小白龟，宫家大人小孩马上抡起大棒子吓唬："快滚，快滚，敢吃白龟就打死你！"一次，宫老汉与家人到山东边的南仓走亲戚，几个好吃懒惰的二流子窜进园中，捉走了几只小白龟，卖给了龟贩子，宫老汉撵了几十里，用家中唯一的一头毛驴，换得五两银子，才从龟贩子手中赎回了小白龟。老白龟看到孙儿们又回到身边，高兴得两眼噙着泪花，朝宫老汉直点头。宫老汉逢人便说："龟通人性，这一点都不假！"

宫老汉是位老实本分的居民，祖上既没留给他钱财，也没留有良田。一家人柴米油盐的资费，全靠这乱山坡上十几亩石榴园。这一年荆山一带闹大旱，从开春到立夏天上没落一滴雨。正是六月禾苗盼雨淋的季节，沟塘干涸，河水断流，井底都干得裂了尺把宽的大口子，人畜吃水都艰难，哪有水浇石榴呀。眼巴巴地看着石榴树旱得一棵接一棵死去，宫老汉心如刀割。求天不应，呼地不灵，只好带着儿孙们在园中挖起井来。挖呀挖呀，挖了好几个地方，挖有几丈深，别说见水，连个湿土坷垃也没有。叮叮咚咚的挖井声惊动了老白龟。老白龟把儿孙们召集到一块说："宫老汉是我们的救命恩人，滴水之恩就该涌泉相报。宫家挖泉救石榴树的忙，我们是帮定了。""我们一没有挖泉的工具，

白乳泉边（陶华云摄影）　虬龙竞舞（曹华军摄影）

二不知何处有泉眼。山高石头又硬，这泉从何处挖起啊？"龟儿龟孙们你一言我一语地议论起来。"咳，咳……"，老白龟故意咳嗽几声，等儿孙们静了下来，才晃着脑袋慢条斯理地说："儿孙们，天机不可泄露，这个么，我自有办法。"

原来，这老白龟是东海龙宫的巡夜神龟，因值夜班时醉酒，两眼走神，误伤了龙王的乘龙快婿，老龙王一怒，将它打出龙宫，罚它到淮河岸边的荆山，吃苦受罪。老白龟本是水中之物，沧桑千载，何处有泉，它只要从上面爬过，便有感应，可谓是神机妙算，小菜一碟。经过几个晚上的探寻，老白龟终于在荆山北坡的小树林中寻得一处山泉。只是泉上覆盖着泥土碎石，水无法自然流出。老白龟说："众位儿孙要八仙过海各显其能，尽快挖出山泉，救宫家的石榴树。"老白龟说完亲自坐镇，众儿孙借着林木蒿草的掩护，昼夜不停地挖，挖呀，挖呀。前爪磨烂了就用后爪，后爪磨烂了就用嘴搬土石。四两拨千斤，龟多力量大，七天七夜过后，白龟们终于挖通了山泉。当泉水向上喷涌时，竟把一只来不及撤退的小白龟也冲了下来。清冽甘甜、乳汁般的山泉水，喷珠扬波，从山坡上顺势而下，哗啦啦流进了石榴园。

白龟挖出的山泉不仅救活了宫老汉的石榴树，使荆山的良种石榴代代相传，也救活了荆山的乡亲们。人们饮用了这汩汩流淌胜似乳汁的泉水，不饥不饿，终于度过了干旱与灾荒。

为了纪念石榴园中这灵性的白龟，怀远荆山人把这口山泉叫作白龟泉。泉畔镌石："唐贞元中，随白龟出"。据说，风清月明，榴果飘香的夜晚，老白龟思念石榴园的朋友，还常常在泉畔出现呢。

（李焕俭）

金翅鸟

　　淮河岸边的怀远县荆山，古时候叫宝玉山。传说它出产的玉，比和田的玉还白，比蓝田的玉还细，比缅甸玉还贵。方圆千儿八百里的玉工们都喜欢用这里的玉料打琢玉器。楚人卞和从山上采出一块盖世无双的宝玉"和氏璧"后，这荆山的名气就更大了，人气就更火了。天南海北探宝寻玉的人来了一拨又一拨，四周几十里的荆山，到处是采玉人搭盖的小庵棚。山上山下，一年四季叮叮当当，锤凿之声不绝于耳。一船船上等的玉料，一箱箱精美的玉器，沿着山下的淮河，源源不断地流往各大城市。"荆山"商贾云集，日进斗金，成了招财进宝的"金山"。真是山怕出名玉怕好哇，百十年的工夫，这玉矿便被开采一空，金山又成了怪石嶙峋的荆山，渐渐冷落起来。古话说得好，这树挪死，人挪活。鸟往高枝栖，水往低处流。玉工们纷纷出走，另谋生计。只有世代与玉石打交道的卞和后人、心地善良的卞玉匠小两口，生性固执，守着祖上发迹的荆山，说啥子也不愿意走。人们劝玉匠，他笑了笑答："知足者常乐，不能采玉，我就上山打柴，下河捞蚌，只要能挣几个米面油盐钱填饱肚子就行了。"这一天，河下无蚌可摸，村中无工可帮，他又拿起斧头扁担，进山砍柴去了。沿着弯弯曲曲的山道，翻过卞和洞，越过白乳泉，前面就是荆山蚂蚁腰树林了。往常这个时候进山，山中是鸟儿纷飞，欢唱鸣叫，今儿不知为啥静得出奇。就在卞玉匠思绪游走不定之际，林中突然传出一阵凄厉的鸟叫声。"不好了，有什么动物在伤害鸟雀！"卞玉匠心头一惊，来不及多想，两脚生风，一奔子冲进林中。眼前是只恶鹰，抓住一只金光闪闪的大鸟，伸出那秤钩般的尖嘴，正要啄食那只受伤的金翅鸟的脑袋。只要那尖嘴落到金翅鸟的头上，金翅鸟当即就会毙命。"恶鹰哪里走！"说时迟那时快，卞玉匠浑身冒火，举起手中的扁担，向恶鹰打去。扁担上下飞舞呼呼作响，紧追恶鹰不放。恶鹰躲闪不及，尾巴上被击落两根长长的羽毛，吓得连飞带跳，落荒而逃。卞玉匠顾不得追赶恶鹰，急忙跑上前去，抱起受伤的金翅鸟，返回家中。小两口一个拿清水棉花给金翅鸟擦洗伤口，一个找来治疗刀伤的药粉，给金翅鸟疗伤。那年头，淮河两岸旱涝交替，庄稼三年两头绝收，一捆干柴换不来半碗谷米。这鸟伤好医，鸟食就难筹了。没有鸟食，那鸟吃什么养呀呀。为了让金翅鸟早日展开翅膀，卞家小两口吞糠咽菜，口中省、肚中挪，把打柴捕蚌挣钱换来的粮食全都喂了金翅鸟。七七四十九天过去，金翅鸟的伤好起来，羽毛又像往日一样油亮亮金闪闪。一天早上，卞玉匠刚把它抱到门口草地上沐浴阳光，嗨，它长鸣一声，抖抖翅膀，一纵身飞了起来。它飞呀飞呀，越飞越高、越飞越远，渐渐消失在太阳落山的地方……

第二天清晨，正当卞玉匠两口子为了金翅鸟丢失难过得落泪时，金翅鸟迎着初升的太阳，从西方飞了回来，口中还衔了一颗银光闪闪的小石子。金翅鸟绕着卞玉匠的小草屋转了三圈，将那小石子不偏不倚丢落在门前的泥土中。只见银光一闪，石子落下的地方长出了一棵青枝绿叶开红花的石榴树。金翅鸟飞落在枝头上，向卞玉匠点了三下头，突然发出了人的声音："玉匠玉匠听我言，我是天山金凤凰，宝王山中遇了难，救命之恩该回报，千里送你玉石榴，种树卖果垒金巢……"说完，向玉匠又点了三下头，一抖双翅，凌空而去。

说来真奇怪，这金凤凰送来的玉石榴，非同一般石榴，果个大如碗，籽粒白如玉，核软入口即化，味甜赛蜜糖。春天随便剪一枝往地上一插，立马就活，当年就开花结果。人们都叫他"玉石榴"或"玉石籽石榴"。卞玉匠靠这株玉榴作种苗，很快便把家前屋后的荒山栽成了百亩石榴园。靠卖这名贵石榴家攒万贯，盖起了高楼，拴起了骡马，不几年的工夫就成了荆山脚下的首富，人们都称他卞员外。卞员外富贵不忘穷乡邻，不管是卞家还是张家李家的，谁向他求玉石榴树苗，他分文不取，拱手相送。十多年过去，这玉空人走乱草丛生的荆山，连同隔淮河相望的涂山，都长满了红花绿叶生金蛋蛋的石榴树。"荆山"又成了真正的"金山"。千百年来，都说玉石榴的来历，人们都说是卞玉匠传承祖上家风，行善积德感动了上苍，才会有金凤凰送奇树珍果，才会有这荆山这名贵的石榴良种和风光旖旎的石榴园。

（李焕俭）

剪纸《收获》冯雪创作（孙明春摄影）

石榴花儿开（唐堂供图）

石榴树的传说

涂山脚下，淮河岸边，有个天然的水潭。水潭跟青山同庚，与崖壁齐寿，聚山涧泉源，纳苍穹雪雨，吸天华地露，会洼而成。水因山而驻，物因水而腴。水潭四周青山环绕，山脚下，是一望无际的石榴果园。每逢初夏，榴花盛开，漫山遍野的石榴花，在葱茏苍翠的绿叶掩映下，红得似火，粉得像霞，白得如雪，这些花儿仿佛一个个小喇叭，又像一个球形的小花瓶，格外灿烂夺目，真是"五月榴花照眼明"。那苍劲奇崛的石榴树干，虬枝古朴，千姿百态，如卧虎盘龙。整个石榴园，绵延数十里，像一幅长长的风情画卷。

潭边，有一奇观，两棵石榴树，相隔一丈远，下分上合，像一对恋人拥抱。醉人的美景，孕育着千古佳话，美丽的传说，将人们带进千百年前的时光隧道……

相传古代，淮河里有位美丽的鱼精仙女，听到附近村庄玩"花鼓灯"，动听的锣鼓声传入水宫，喜歌善舞的仙女听到后，变成村姑去偷看，爱上了玩灯的"鼓架子"。这位后生也

明 沈周《石榴双喜》

张大千（1899—1983）《石榴》

被鱼仙的美貌迷住了，双双进入水宫。"鱼王"见了十分生气，劝道："你不能为情葬送千年修行，必须放弃凡尘俗念！"鱼仙说："我不管什么凡尘俗念，我爱他好像淮河水，水不回头我绝不回头！"鱼王又劝鼓架子："后生，你快走吧。不然，我要把你们处死！"鼓架子说："我爱她好像石榴树，生命不枯，我心不变！"

鱼王大怒，将他俩驱出水宫捆在潭边石柱上，在太阳暴晒下，不给饭吃不给水喝，每人只给一个石榴。

为追求爱情，他俩视死如归，每人吞下一个石榴后，便被太阳活活晒死。多亏好心的土地神，将他俩偷偷掩埋。一年后，两座坟丘上各长出一棵石榴树幼苗。后来，奇怪的事情发生了，两棵石榴树越长越大，越长越往一起靠近，再后来竟交叉抱在一起了。

人们称这对石榴树为龙凤树，水潭称龙凤潭。久而久之，这里成了情人约会的好地方。他们跳着"花鼓灯"舞，牵手示爱；唱着"花鼓歌"，传情达意，你唱我和，成了淮河两岸的青年男女求婚的民风习俗，他们在石榴树下定情，面对龙凤潭许愿。

千百年来，石榴树下，龙凤潭边，流传着许多许多感人的神话故事，不过都是美丽的传说；而今，这对石榴树下，却真实地见证了许多青年恋人走进了幸福婚姻的殿堂……

（闫立秀）

石榴花塔的传说

很早很早以前，在汉阳的一个小村子里，住着一户人家。婆婆年近五十，膝下有一儿一女。因丈夫早年去世，全靠婆婆一个人苦扒苦做，拉扯着儿女过日子。

当儿子长到十八岁时，隔壁的刘大妈给他说了一房媳妇，叫榴花。那榴花虽是小户人家，却长得眉清目秀，水灵灵的，颇惹人喜爱，且做得一手好针线，街坊邻居没人不夸婆婆有福气，娶到这样能干的媳妇。婆婆苦扒苦做了十几年，自然乐得心花怒放，心想：这苦日子可算熬到了头。榴花过门以后，孝敬婆婆，敬重丈夫，善待小姑，一家人和和睦睦，日子过得红红火火。

有一天，清早一起来，婆婆就感到头昏眼花，勉强撑着走到媳妇门前，说："榴花呀，我今天不舒服，你早早把饭做好，送到田里给你丈夫啊。"榴花一听婆婆不舒服，赶紧起来，扶婆婆进屋先躺下。她又忙着生火做饭，喊小姑起来吃，接着把饭送到田里给那鸡叫即下田插秧的丈夫。事情忙完后，她寻思：婆婆劳累一生，年纪大了，身子骨不扎实了，要给她补补身子才好。这样想着，她就捉了一只大母鸡杀了，细细地煨好，送到婆婆的床前，对婆婆说："娘，先喝点鸡汤补补身子吧。"婆婆抬眼看着孝顺的儿媳，感动得眼泪叭叭地往下掉。她坐起来，靠着被子。榴花便一匙一匙地把一小碗鸡汤喂给她吃。吃完后，婆婆禁不住拉着榴花的手说："榴花，你真是娘的好闺女呀，闺女也没有你亲呀。"榴花轻轻扶婆婆躺下，给她掖好被角，说："娘，好好躺着，外面的事我都会做，你放心好了。"

中午，丈夫从地里回来，小姑也从织布机上下来，榴花忙着张罗大家吃饭。突然，传来小姑的哭叫："哥，快来呀，娘不行了。"榴花和丈夫奔进房里一看，只见婆婆七窍出血死在床上。榴花大惊，扑到床前哭道："娘，你上午吃鸡汤时还好好的，怎么现在死了呢？"正在大哭的小姑一听，立即住了哭声，上前一把拉住榴花道："什么你上午给娘吃了鸡汤？上午就你一人到娘屋里来过，一定是你毒死了我娘。"此时，街坊邻居已聚了满院子，中间便有好事之徒，一哄而上，乱嚷嚷："还不快把榴花送官府问罪！"说着，一群人闹闹哄哄推拥着榴花往县衙走去。

那县官一听出了命案，立即升堂问事。众人把榴花推跪在衙前。榴花小姑便上前把娘早上起来还好好的，上午吃了榴花的鸡汤后，便七窍出血死亡的事诉于县官。县官便问榴花事情的经过。榴花便将婆婆生病，自己杀鸡煨汤给婆婆补身子的事一五一十讲出来。那县官把惊堂木一拍，大声喝道："大胆贱妇，你婆婆怎能喝了鸡汤就身亡呢？分明是你想要毒死婆婆，独掌家产，来人啊！给我打。"可怜的榴花连一声冤屈的话都来不及说，就被打得皮开肉绽，死去活来。她万般无奈，只好喊到："别打了，是我毒死婆婆，想要霸占家产。"县官一听，得意非凡，立刻问了榴花死罪，下到死囚牢里，等候处斩。

十天后，榴花被五花大绑到十字街头，接受死刑。那天，汉阳街头人山人海，人们都争相前去观看。榴花披头散发被押到刑场。临刑前，她要求松一下绑，她要对天祷告。刽子手答应了，松了她的绑，只见她蹒跚地走到一株石榴树前，伸出手折下一枝，对天祈祷："天啊天！你睁眼看一看，若是我榴花毒死婆婆，天地不容，我死便死；若是冤枉于我，天若有情，当令此花生生世世永不枯萎。"说完，她将花枝插入石缝，引颈受刑。

说来奇怪，那石榴花枝插在石缝，立即生根，不久就长得枝繁叶茂，花满枝头。人们这才知道榴花果真是冤枉的。为了哀悼她，便在她死的地方修了一座塔。就是现在的石榴花塔。

南宋 李嵩《花篮图》

石榴树

话说这丁家村里住着兄弟两人，哥哥叫丁大良，弟弟叫丁二水，他们的父亲丁老爹今年六十多岁了，这天丁老爹偶感风寒，两个儿子为老爹请来了郎中诊治，未料还是不见好转，反而病是日渐沉重了。

这丁老爹自感大限将至，将兄弟两人叫到床前，开始交代后事，并约定次日将族中老人叫过来，一起给兄弟两个人做个见证分家。

这天晚上，兄长丁大良饭后就寝时，想到父亲一生操劳，还没享福呢，就撒手人寰，不觉得暗自流泪，迷迷糊糊间，忽见窗外是月明如昼，连忙披衣出门。

月光下，只见院中的那棵石榴树长满了石榴，这个石榴树，是丁大良儿时亲手栽种的，如今是年年结果，长势喜人。

他正要上前细看的时候，忽然一阵雾气飘过来，石榴树幻化成了一个白发老者，丁大良惊得连连后退，胆怯地问道："你，你，你，你是何方神圣啊，你竟敢来此作祟。"

不料这老者哈哈一笑，捻须说道："我就是你亲手栽种的石榴树啊，偶然得道，修炼成精，在今日化身相见，是有一事相求，我即日将有一难，还望你能出手搭救。"

丁大良心地善良，这石榴树本来就是他一手栽培的，岂能坐视不管呢，他当即拍着胸脯说道："啊，您尽管开口就是了，我定当全力而为。"

老者神情凝重地说道："你兄弟二人即将分家，我若落入你弟弟手里呀，必将化为柴火，你无论付出什么代价，一定要把我要到手啊。"

这丁大良为人仗义，当即点头答应。

这丁老爹从床上坐起来，和众位族老一起给两个儿子分家，这族老们倒也公平，很快就把家产一分为二了。只有这一棵石榴树是无法平分，众人一时犯了难，这丁二水却漫不经心地说道:"这还不简单呐,你把它劈了,各分一半,当柴火烧就行了。"

众人也别无他法,纷纷表示赞同。

这丁大良哪里肯依啊,吓得连忙跪下来求老爹和族老,念在石榴树是自己所栽种的份上,让自己移植回家养。

这丁二水为人奸诈,见戳到了哥哥的心尖,觉得有机可乘,连忙是狮子大开口地说道:"你想独吞石榴树也行啊,那就拿你的全部家产来换吧,否则我这一把火把它烧了。"

面对弟弟的冷酷敲诈,丁大良不得不咬牙答应了。

最后他在众人不解的嘲笑声当中,将石榴树带根挖出,背着石榴树来到荒山上,找到一处平坦的地方,将石榴树重新栽种,并打算一个人在山上独住。

当天,这丁老爹归西了,几天以后,兄弟俩人将老爹入殓安葬,丁大良净身出户,独自在石榴树旁搭建了一个破草房,又开垦了一片荒地,种下粮食勉强过活。

第二年,石榴树长势旺盛,结满了石榴,石榴渐渐成熟,这天晚上,月明如昼,丁大良辗转反侧,难以安寝。

他穿上衣服走出来,忽然看到月光下的石榴树上是金光闪闪,他走近了细细一看,只见一个硕大的金石榴挂在枝头。

这丁大良是大喜过望啊,他料定这一定是树精所赠的,连忙冲大树倒地跪拜,这才将金石榴小心地摘下来。

第二天,丁大良把金石榴换成了很多的银钱,用一部分购置了田产,并加盖了围墙,把石榴树围在山宅大院里面了。

这丁二水是何等的精明人物啊,见哥哥暴富了,颇觉得蹊跷,这丁二水就想了,哥哥分家的时候,他只得到了一棵石榴树,别的什么也没有,如今他这么富,这石榴树必定不凡。

这一天晚上,丁二水携带木梯和斧头,悄悄地来到丁大良的宅院之外,他将梯子竖起来,悄悄地爬上去,趴在墙头看了一会儿,他准备把这棵石榴树刨下来给偷走。

这个时候,依稀可见石榴树枝叶茂盛,他迅速爬下来,抡起斧头,结果这一斧头下去,树里居然流出了血。

正当丁二水感觉诧异的时候,石榴树突然疯狂地摇动枝叶,瞬间,这院子里面狂风大作,斧头都被刮到了空中,当斧头再次落地的时候,不偏不倚地恰好落在了丁二水的头上,这丁二水当场毙命了。

此后,石榴树每年都会结出一个金石榴,丁大良凭着金石榴成了远近闻名的富翁,还娶了一个很漂亮的媳妇,过上了幸福的生活。

马巷石榴树的传说

在上塘镇马巷村有户人家，院内有一棵一人抱不过来的石榴树。据当地人说这棵树有六百多年的树龄，附近几里路的石榴树都是它的后代子孙。

相传在明朝万历年间，上塘马巷有户姓石的孤门小姓，好几代单传。轮到老石这辈子又是独子一个，老石夫妻俩想改变现状，天天吃斋念佛，保佑儿孙后代多，不受人欺负，壮大家族。

随着时光流逝，老石的儿子小石头已二十出头，又到了男婚女嫁的年龄。老石夫妻俩想找一个大户人家小姐，改变几代单传的局面。想法是好的，但当时讲就门当户对，像老石家这种情况一般来说很难找到大户人家，只能小户对小户。几经努力也不能人遂心愿，不得已给小石找了一个小户人家结了婚。

明　沈周《石榴》

清　石涛《石榴》

老石夫妻俩为了争取在小石头这一代改变现状，让子孙繁衍，家族兴旺昌盛。

位于上塘西南角有个观音庙，心里善良的老石夫妻俩，每天都坚持步行十几里去庙里烧香拜佛。无论阴晴冷暖，祈福观音菩萨保佑儿子儿媳能多生几个孙子。平时多做善事，教育小石头夫妻俩心诚则灵，观音菩萨看老石夫妻俩心诚善良，一天来到人间，送给他家一根树枝，叫他们栽在院子里，好好照顾会有惊喜的。说完之后就消失了，老石夫妻俩不敢怠慢立即挖坑浇水施肥栽好树枝。

也奇了怪，树枝一天一变样，就像天空中的云朵瞬息万变。十天左右树长了两丈有余，二十天开了满树枝红花，红红火火，在绿叶的衬托下，美得极致且整村都布满了清香。一朵朵鲜红的石榴花挂在树上，把树打扮得像含羞的少女。三十天结了红彤彤的果子，扒开果子外皮，玛瑙般的石榴籽儿露了出来，一颗颗水红水红的，在阳光的照耀下，晶莹剔透。引诱左邻右舍络绎不绝地来看热闹。老石从来也不吝啬，来人都能品尝到清爽可口的果子。

小石媳妇儿按照观音要求一天一个果子，半个月有孕，十月怀胎生下了一个胖小子。喜得老石夫妻俩不得了。由于小石媳妇儿天天吃果子，几年光景给老石家生了七八个孙子。

老石夫妻俩把这树作了神，天天拜祭，百十里的乡邻们求子求福都来拜祭这棵神树，来讨个吉祥，附近村民小媳妇们来求助要子的都能如愿以偿。

一传十，十传百，这棵神奇之树传到了县老爷耳朵里，他寻思着农村人哪里配得上这棵神奇之树，并想窃为己有，就嘱咐手下爪牙去移到自己院里栽植。

消息很快传到马巷，为了保护这棵树，老石夫妻俩祈求上天观音菩萨指条明路，附近的庄邻老百姓都来剪个枝去家种植，在马巷周围村庄院落都种上了这种树。县太爷爪牙来到马巷看到家家户户都有，也分辨不出哪一棵是神树，便回去向县老爷禀报情况。他也没办法便放弃了霸占，但县老爷规定果子必须在每年成熟季节，十月十日这天每家每户向县里进贡，这棵树便保护下来了。

后来人们称这种树叫石榴树，喻意是姓石的人家留住的树，多子多福。在当地每年十月十日都举办一场祭祀活动，保佑家家户户儿孙满堂。发展到现在已经成为当地小有名气的石榴节。

（杜文琥）

石榴树的来历

千百年来，巫溪流传着石榴树的来历的故事。

上古时候，巫咸国一位叫石牛的才子在历山学法时，在居所旁边看到一株开满红花的小树，石牛非常喜爱，由于从未见过，不知何树，请教当地人，均不知名。石牛每得空闲，总要矗立在这株树旁欣赏其芳姿。一年天旱，此树的花叶日渐枯萎，石牛每天担水浇灌这棵树。在石牛的灌浇下，此树便枝繁叶茂，欣欣向荣了。

三年过后，石牛学习结束。准备离开历山的前一天深夜，石牛正在屋里收拾行李。忽见一位红衣绿裙的女子飘然闯入，向石牛施礼说："听说先生明天就要回巫咸国了，奴愿跟您同去。"石牛大吃一惊，心想是谁家之女想跟我逃走。我怎敢惹此是非，于是好言相劝："姑娘夜半私入，提出要跟我走，感谢姑娘看重之恩。但是，你我素不相识，我岂敢乱为。请快快回去吧！"那女子见石牛撵她，只好怯生生地走了。

石榴（王鲁晓供图）

第二天，散学时，师傅赠以石牛珠宝，石牛不收。他想起那棵他精心培育过的树，便指着那株开红花的树，恳求师傅："其他什么我都不要，请老师把此树赐予我做个纪念，好吗？"老师答应了石牛的请求，派人起出那棵树赠予石牛。

　　石牛在回家途中，不幸遭遇贼人拦截，杀出重围后，发现把那棵树给丢失了，当时心疼万分。回到巫咸国，刚要入城时，忽听后面有一女子在呼喊："石牛哥哥，叫奴家赶得好苦啊！"石牛回头看时，正是在历山临走时见到的那位女子，只见她披头散发，气喘吁吁，白玉般的脸蛋上挂着两行泪水。石牛一阵惊异，忙说道："你为何不在历山，要千里迢迢来追我呢？"那女子垂泪说道："路途被劫，奴不愿离弃石牛哥，就一路追赶而来，以报昔日浇灌活命之恩。"说罢，她"扑"地跪下，立刻不见了。就在她跪下去的地方，出现了一棵叶绿欲滴、花红似火的树。当时石牛和在场的人见状无不惊奇，石牛这才明白是怎么回事，他把浇灌此树的前情告诉在场的人。大家一听，非常喜悦，急忙将此树植入花园中。因为是石牛带回来的树，人们就将它取名为石牛树。再后来，人们又改名为石榴树。

（杜正坤）

幸福生活（高明绍供图）

盐水石榴传说

  大山深处也有人间胜境。山依依，水涟涟，车马熙熙，人来人往。绵绵青山，树葱木绿，云雾升腾，炊烟袅袅，丝丝缕缕，唤作"象岭"；弯弯绿水，波光闪闪，青苔卧底，砂石沉睡，五光十色，谓为"香河"。

  《西游记》有云：山高必有怪，岭峻却生精。这里山不高，岭不峻，然而，在山的那头的那头的那头，却实实在在有异人出没，也不知是什么修炼而成，她们朝饮甘露，暮卧石窟，犹好野果汁液。每逢山果成熟，她们便成群结队，四处采集野果，压榨汁液，长年酝酿，制成果汁，味美甘甜。她们之中的二位姑娘，眉清目秀，青衫素缟，对石榴更是情有独钟。姐妹俩头上戴的是石榴花，手里捻的是石榴枝，衣服上点缀的是石榴籽；摘的是石榴，酿的是石榴汁；吃的是石榴，喝的是石榴汁。真是名副其实的石榴姐、石榴妹。

  石榴姐、石榴妹真是勤劳啊！春天，她们就种石榴树；夏天，她们就施肥；秋天，她们就摘石榴；冬天，她们就开始酿石榴汁了。由于她们心又灵，手又巧，酿的石榴汁酸的更酸、甜的更甜，酸里还带着甜、甜的又带着酸，迷煞人也，其他的姐妹要是喝上一口，就再也不想喝其他东西了。

  石榴姐、石榴妹真是善良哦！她们无私地把酿制的石榴汁分给众姐妹品尝。要是有山那边的樵夫上山打柴迷了路，她们就毫不吝啬地将石榴汁分给他们充饥。冬天的时候，林子里那个冷啊，小松鼠、小猴、小兔子都找不到吃的，姐妹俩就把他们请到洞里来烤火，盛石榴汁给他们喝。春天来了，这些小动物都吱吱呀呀地围着她们，活蹦乱跳，快乐极了。

  石榴姐、石榴妹真是顽皮！她们舞枪弄棒，飞檐走壁，在树林间爬上爬下，追逐打闹，嬉戏游乐，她们还不时到山的那边的那边的那边，去看看另一个世界的风景。这天，姐妹俩来到象岭脚下、香水河畔，夹在熙熙攘攘的人群中，挤眉弄眼。石榴妹早看到远处的桥上站着一个白冠书生，手捧书卷，口中念念有词，有心要戏弄一下那书生，不待姐姐阻止，变出一叉石榴枝，说时迟、那时快，石榴枝已插在了书生的冠巾，活像鸡冠一般，惹得众人笑弯了腰。这边石榴姐自去嗔怪妹妹。

姐妹俩正玩得痛快，忽然一阵旋风卷来，直吹得二人睁不开眼。也不知过了多少时候，风慢慢小了些，姐妹俩感到仿佛被什么东西撞了一下，跟跄了几步，倒在地上，半晌方醒，却发现母亲怏怏不乐，背倚而立。姐妹心中疑虑，只听母亲叹了口气："我们本是山中树神，树木是我们的根本。你二姐妹以石榴为生命源泉，本该在山中栽培石榴，吸取石榴精华，以图精进。不想你姐妹二人来此俗世，嬉戏玩乐，扰乱凡人生活，倘是久离石榴根源，只怕凶多吉少。"

姐妹俩面面相觑，不明所以。但树神母亲的话谁敢不听，姐妹俩相互搀扶，回到山中，又过着往日的生活。

不到几天，石榴妹童心又起，悄悄离开石榴林，一阵风便来到了象岭脚下。可是昔日繁华的景象不见了，热闹的街头变得冷清，偶有两三个来人也是神色慌张，家家户户大门紧锁，香水河变得腥臭。石榴妹正在惊疑，一阵凄惨的笛声划破长空，随风而来。石榴妹定睛看去，原来正是上次被她戏弄的那个读书郎。石榴妹心中愧疚，上前还礼道："寒风凛冽，小哥何以不惧酷寒，独立风中，以箫言志？"那书生大惊："小妹你好大胆，快快回家躲避，免得白搭性命一条！"石榴妹不解："小哥这样说话是什么意思？"书生顿了顿："原来小妹不是这里人，我与你细说无妨。我们这里本来物产丰富，人民安居乐业，特别是近年来发现了白盐，很多人都以制盐为业，从此家家好吃好喝，无忧无虑，故得名'盐丰'。只是好景不长，前几天来了几个恶人，他们欺男霸女，想要什么就拿什么，特别是见盐就抢，无恶不作。老百姓都吓得不敢出门，我自觉读书几载，不能为民除害，故在此排遣。"

石榴妹听了不禁愤慨万千，尽管她顽皮了些，但善良的天性却一直未改，在山中她尚能救助樵夫和小动物，在香水河畔又岂能有半分动摇；加之上次戏弄书生被母亲训斥后，心中愧疚，早有报恩之意，此时焉能袖手旁观？

石榴妹回洞饮了两大碗石榴汁，不敢向姐姐细说，抖擞精神，拎了石榴枝便直奔盐丰，去找恶人讨个说法。

石榴妹在象岭等了一天一夜，始终不见恶人出现，腹中渐渐感到饥饿，寒意也开始袭来。石榴妹正在犹豫，只听树木沙沙作响，寺庙的铜铃嘀嘀响个不停，阴风一阵紧似一阵。不多时，香水河桥上走来一男二女。且看那男的：身披铁甲，耳戴铜环，牙龇齿裂，胸布花纹，煞是吓人；且看那女的：头是尖的，脸是青的，身子是绿的，眼睛还放着蓝光。一户农家的犄牛受不了惊吓，越栏而走，狂奔而去，那三个恶人一声狂笑，蜂

石榴姐、石榴妹（唐堂供图）

拥而上，顷刻间就只剩下一堆牛骸。石榴妹大惊，不禁打了个寒战，但心中的愤慨驱使她向前一跃，斥责恶徒。

铜环大汉见是一弱女子，哪放在眼里，就来擒捉石榴妹。石榴妹也不搭话，摇动石榴枝，早变成一柄青虹剑，直点铜环大汉。恶徒吃了一惊，侧身闪过，就和石榴妹斗了起来。那两个女恶人也扭动腰肢，一个使叉，一个使槊，前来夹攻石榴妹。石榴妹力战三人，毫无惧色。四人在象岭山脚下舞作一团，铜环大汉经过之处，便是一阵恶臭；钢叉来处，便是一片焦黑；铁槊来处，便是一股热浪。石榴妹身影所到，便是一团芳香；宝剑点到，便是一片绿荫；绿裙翩翩，便吹来阵阵凉风。四人从山脚打到山顶，从山顶又打到山脚，从水里打到天上，从天上打到水里，雷声隆隆，天昏地暗，不分胜负。

却说那书生心情郁闷，又带着长箫独自来香水河畔吟吹起来。那箫声丝丝缕缕，几分婉转、几分惆怅；断断续续，如歌如泣，如哀如怨。吹到伤心处，如长流细水，漫漫长路，一顿一扬，似有无穷言语，却又无处说起；吹到激动处，如黄河决堤，汹涌澎湃，一泻千里，厉声如绝，百鹤齐哀，钢筝净断。急的如万马奔腾，缓的如蜗牛潜行。响如冬雷，雷声如麻，轻似春雨，飘飘洒洒。一时间，寒风骤起，雪花纷飞，香河起冻，千里江山，却是装银裹素。

四人正斗得难解难分，一挺刀上下翻飞，一枝槊点点夺命，一把叉虎虎生风，一柄剑舞作金光一团。那三个恶人以多凌弱，步步紧逼，正欲置石榴妹于死地。箫声又起，尖声如撕，那两个女恶徒浑身一麻，宛如雄鹰在耳际鸣叫，又如蜈蚣在身上挠痒，顿时酥了下去，瘫倒在地。石榴妹眼明手快，跟上一剑，早将那使槊的拦腰斩断。那使叉的大惊，就地一滚，变成一条花纹青蛇——原来却是两条青蛇精，往桥下夺路而逃。铜环大汉见两个帮手死了一个，逃了一个，又惊又恐，卖个破绽，往象岭对面狂奔。石榴妹哪容这个恶人再来害人，迈开娇步，紧跟而去，看看赶上，举剑向那恶人后背递去。

　　只听"咔嚓"一声，那石榴剑竟拦腰折为两截。石榴妹定神一看，那恶徒早变成一只乌龟，脑袋已缩到龟壳里——原来却是一只乌龟精。石榴妹挥起断剑猛砍龟壳，竟是纹丝不动，石榴妹也无可奈何。

　　石榴妹自在山中等了一天一夜，腹中早已饥饿，加之力战三人，已是筋疲力尽，这时方才醒悟母亲昔日所言"久离石榴根源"之意。乌龟精凭借龟壳之固，石榴妹毫无办法，还得提防龟精的偷袭。二人相持愈久，石榴妹渐感气力不济，想回林中休养些时日，不料乌龟精又喷出一股毒气，石榴妹欲战不得，欲退不能，形势十分危急。

　　"妹妹小心！"就在这千钧一发之际，石榴姐大踏步赶来。原来石榴姐发现不见了妹妹，便一路找来。眼看妹妹有些支持不住，石榴姐忙从怀中掏出一个石榴："快吃了，好养精神。"石榴妹顾不得身子虚弱："乌龟精残害生灵，姐姐先不要管我，先除了这个恶霸！"石榴姐不及细想，将石榴往空中一抛，变成一柄金棱大锤，光彩夺目，煞是耀眼。石榴姐拿起大锤，看准乌龟凌空砸下，却把那龟壳震得粉碎。

　　乌龟精自知不妙，看到身边有一条水沟，顺势一翻，钻到沟里不敢出来了。

　　石榴姐顾不上追赶，忙回过头来看视妹妹，却不想石榴妹疲劳过度，伤势严重，气息越来越弱……已然闭上了眼睛。

　　风越来越大，雨越来越猛，天越来越黑，石榴妹的身子越来越僵……石榴姐伤心极了，可是，石榴妹永远不会回来了，她再也看不到石榴了！

　　白衣书生赶来了，乡亲们赶来了。石榴妹为他们赶走了乌龟精和蛇精，可是她却永远不会回来了！

　　树神来了，山中的姐妹来了，所有的小动物来了。几天前还和她们一起酿制果汁，一起嬉戏的石榴妹却再也不会回来了。

　　在风中，在雨中，众姐妹托着石榴妹，向山的那边的那边的那边缓缓走去……

　　不知又过了多少时候，在石榴妹离开的地方，在石榴妹和妖精拼杀的土地上，在这个叫作盐丰的小镇上，不断地长出许多石榴树，有人说这是石榴妹获得了新生。人们为了纪念姐妹俩，就用盐水精心地浇灌她们，这些石榴树吮吸着香甜的盐水，就显得格外的甜。不久，这个小镇上多了两座宝塔，有人说这是镇压那两条蛇精的，也有人说这是为了纪念石榴姐妹为民除了大害的。而那只乌龟，虽然不时还爬出水沟，但它被石榴姐的金棱大锤击碎了龟壳，吓破了胆，再也不敢害人了，更多的时候，它只能躲在水沟里，不敢出来见人。

　　古老的盐丰小镇又恢复了往日的平静和繁华。

　　这就是石羊盐水石榴的传说。

蒙自石榴的传说

　　传说很久以前，天庭上有十一种仙果，即石榴、梨、桃子、苹果、杏子、葡萄、荔枝、李子、杧果、香蕉、人参果，玉皇大帝每月品尝其一，因而规定十一种仙果只能在规定的月份成熟。

　　有一年的农历三月，玉皇大帝吩咐果园仙子去摘仙果，当果园仙子看到石榴成熟了，非常鲜红漂亮，于是果园仙子就把石榴摘下来，送到玉皇大帝那里。

　　玉皇大帝看到石榴在不该成熟的季节成熟了，非常生气，一怒之下就把石榴打下凡尘，从此不准再上天庭。

　　石榴仙子走时，带着玉皇大帝扔给他的一个石榴，身穿红罗裙，头戴金钗，从此就有了石榴果、石榴花、石榴刺。

　　玉皇大帝把石榴贬下凡间，但又想念石榴甜美的味道，因此规定石榴在每年的农历六月十六日成熟。于是人们在每年的六月十六日到石榴园里去祈祷，祈求风调雨顺，喜获丰收。

丰收喜悦（唐堂供图）

石榴红了（唐堂供图）

中篇
石榴故事传说

御石榴的传说

在唐昭陵以北约二公里的地方，有一个名叫庄河的小村庄，这里的农户几乎每家都或多或少的栽植一种果树——石榴。这里的石榴果大籽肥，酸中有甜，甜而不腻，爽口宜人。据说这种石榴在此已有近两千年的种植历史。

相传李世民早年经常率军路过此地。一次，李世民的王妃长孙氏突然感到腹部胀痛，食物无味，茶饭不思，四处求医，仍难以治愈，就连当时盛名远扬的医圣——药王孙思邈也是一筹莫展，无能为力。李世民情急之下，张榜公告，重金求医，以期早日解爱妃的病痛。

御石榴（郝兆祥摄影）

这一天，一位年逾花甲的老人来到帐中，献上两个碗口一般大的石榴，请求一试。李世民无奈之中，抱着试一试的心态亲手剥开石榴，将一颗颗珍珠般晶莹剔透的石榴籽送于长孙氏口中，半个石榴食完之后，王妃顿感胀痛消失，食欲大增，病痛之状瞬间烟消云散。后来，李世民发动玄武门兵变，登上皇帝宝座，便下令将庄河村的石榴定为宫中贡品，年年上贡，自此之后，庄河村的石榴便有了"御石榴"的称誉。

御石榴基地（郝兆祥摄影）

临潼石榴、柿子不上贡传说

话说唐朝时，石榴、柿子是作为贡品而献给皇帝的。别说老百姓了，就连种石榴的人也吃不上。百姓怨声载道，县官也是一筹莫展。

这时，有一个师爷给县官出了一个主意。县官听后连称妙，妙，妙！

第二年，又到了上贡的时候，这次去的不是瞎子、瘸子、哑巴等有残疾的人，就是长相丑陋的人。

皇帝见了龙颜大怒："临潼是没有人了，为什么来了这些丑八怪？"

众人说："圣上息怒，我们还是长得比较好的，更丑的人不敢来呀。"

皇帝不解："为什么都长成这样？"

众人说："都是吃石榴、柿子吃的。"

皇帝一听，连说："罢了，罢了。"

由此，临潼的石榴、柿子不再上贡了。

傲雪（洪晓东摄影）

杨贵妃与石榴

杨贵妃喜欢吃水果，除了荔枝、杏子之外，她还特别喜欢吃石榴，"拜倒在石榴裙下"这个典故，可以说是她"吃"出来的。

杨贵妃吃石榴的时间，一般是在她醉酒之后，风流天子唐明皇最爱看贵妃醉酒的样子，看美人与酒的缠绵：脸色酡红，眼波流离，神情摇曳，言语娇嗔。但唐明皇还算是真正爱贵妃的，他怂恿贵妃喝酒，还懂得怜香惜玉，想各种方法为贵妃解酒，石榴就是常用的解酒水果，一方面是贵妃爱吃石榴，另一方面，石榴具有生津化食、软化血管、解毒等功效，解酒的效果比较好。

唐明皇剥开石榴皮，把石榴一粒粒地往贵妃口里喂，大臣们看不过去了，太肉麻了吧，太不注意皇上的形象了吧！按他们的想法，应该是反过来，贵妃往皇上的嘴里喂还差不多！但这意见不敢跟皇上提，只好把怨气发在贵妃身上，见了贵妃像没看见一样，也不施礼跪拜，甚至连招呼也不打。

有人说，石榴是水果中的"笑面虎"，贵妃算是人中的"笑面虎"。杨贵妃看到大臣们不把她当回事，她心里就恼了，等着瞧吧，有你们好看的！但是表面上她装着什么事也没有。

有一天，音乐艺术家唐明皇又举办歌舞晚会，大臣们都来捧场，歌舞晚会的重点节目自然是贵妃的独奏和舞蹈，贵妃弹琴，唐明皇打着拍子摇着脑袋跟着和唱，正到华彩乐章，精妙之处，贵妃手中的琴弦"崩"地断了，曲子戛然而止，唐明皇的兴致被吊到半空，上不去，下不来，好难受，忙问原因，贵妃于是说："听歌的大臣对我不礼貌，连掌管音乐的神仙都为我鸣不平啊！"唐明皇立刻拍桌子发了火："现在宣布一条纪律，以后无论是谁，见到娘娘不跪不拜的，格杀勿论！"

贵妃笑了，唐明皇又把一粒石榴喂进贵妃的口中，换琴之后，贵妃的演奏继续。

据科学研究，石榴热量低，富含维生素C，更主要的是石榴中含有大量的雌激素，能够使女性荷尔蒙大量分泌，迅速展现女性的姣美，杨贵妃妩媚动人风情万种，想必是石榴发挥了一定功效。

杨贵妃爱吃石榴，也爱穿绣满石榴花的彩裙，从这件事发生以后，大臣们看到贵妃娘娘驾到，诚惶诚恐地跪倒了一大片，不敢看贵妃水灵灵的皮肤，也不敢看贵妃闪闪动人眼眸，更不敢看贵妃的如花美靥，只敢看裙子上盛开的一片红色石榴花。

今天穿石榴裙的女子已经不见，大街遍布的是紧身牛仔裤，如果我们说"拜倒在牛仔裤下"或者"拜倒在七分裤下"，真有些不伦不类，还是古人的"拜倒石榴裙下"画面来得美。

（陈雄）

明 仇英《贵妃出浴图》

伏羲红石榴的故事

　　茂密的小树被覆着高高的山崖，不远处的树丛里，一个年轻人拨开树枝缓慢地前行。

　　树丛里，小路似有却无，有野兽钻行的痕迹，年轻人正是拨开遮挡的灌木，沿着兽迹，走向山崖。远远就能看到崖壁上有水浸出，在阳光的照耀下，反射出刺眼的光芒。年轻人不知走了多少路，饥渴难耐，要到山崖下找水喝。

　　山崖下面，一潭清水，透彻见底，小鱼自由自在地在水中游动。山崖上，不断有水滴落入潭中，潭边较低处有水溢出，流到山下去了。见到有这么多水，年轻人喜出望外。在潭边溢水处洗洗满是汗污的手，水杯灌了大半杯水，饮了数口，伸腰舒臂，精神倍增。

　　细看这潭水，似浅非浅，方圆数十米大小，高高的石壁上，长满了密密的小树，茂盛翠绿，近水处树木更高出一大截，翠绿一片，惹人喜爱。年轻人喝足了山泉水，吃了点干粮，坐在潭边的石头上，双足浸在水里，享受这山间美景和清新的空气，十分惬意。

　　年轻人二十多岁，喜欢爬山，独行侠的个性，经常一个人进山探险。这次进山计划十天行程，走了三天多来到这儿，所到之处尽是人迹罕至的原始林区。

　　阵阵凉风徐徐拂面来，心旷神怡。环顾四周，欣赏山间美景。周围树叶悄无声息，纹丝不动，只有山崖根部、近水边的几棵小树，数片叶子微微抖动。观察良久，凭经验，年轻人觉得山崖底部近水处一定有山洞，徐徐拂面的凉风应该是山洞里吹出来的。要去看个究竟，他带上护面具，防山洞中有鸟飞出伤及面部。拿着手杖，蹚着刚到小腿肚深的泉水，来到有凉风吹出的小树处。他用手杖轻轻拨开小树，几经深入用力，凉风渐强，小树后面果然有一个山洞，黝黑不知深浅。并无飞鸟，只有凉风不断地从洞中吹出来。

　　山洞洞壁光滑，高宽容得一人自由进出，洞底有泉水流进水潭中，几乎平入，并无淙淙。

　　酬思半天，年轻人决定进洞探险。他返回水潭边，整备好行装，做好个人防护，挂着手杖，再次蹚水，来到山洞口。拨开遮挡洞口的小树，刚进洞口，光线已经暗了下来。他打开头灯，小心翼翼进入山洞，行进十数米，洞口进来的光线已经全无，只有头灯的光亮依旧。可喜脚下的山泉水，已归入小沟里，他擦擦脚，穿上鞋，行动便利多了。又行了数十米，洞底平缓多了，脚下踩碎了什么东西，发出轻轻的咯吱声。他用头灯一照，大喜过望，原来是燃烧松明子的碳化物。有人进来过，又有微风，不担心受沼气积累的伤害。少了担忧，行进加快起来。弯弯曲曲，山洞时而宽敞，时而狭窄，时而高爽，时而低矮，但对年轻人行进几无影响。脚下溪流不知何时消失了，行动更便利了些。过了十几分钟，估摸着进洞来也有三百多米了，感觉拂面来的风，没那么凉了。关掉头灯，似乎前面有点光亮。判断不错，离出口近了。越走越亮，他更兴奋。数十米后，来到洞口，一片光明展现在眼前。

年轻人掩不住内心的喜悦，眉梢飞彩云。他打量着眼前，山洞出口在一个山坡上，抬头环顾，高高的山崖围成了一个盆地，盆地左侧不远处兀立着一座小山。缓缓的山坡上十数间草房，房前场院上几个小孩嬉戏。时而传来几声鸡鸭鸣叫，牛羊悠闲地吃着青草。平展展的田野上，长满了茂盛的庄稼，水稻一片金黄，碧绿的蔬菜，远处的果树……令人目不暇接，真真的一个世外桃源，年轻人叹道。

离开洞口，走下山坡。"小朋友们，你们好！"年轻人向孩子们打招呼。叽叽喳喳的嬉戏声戛然而止，孩子们显出惊恐的神色，相互而视，短暂的寂静后，呼啦一下，孩子们全都跑回家里，从门缝里向外看。

田野上干活的大人，男女十余口，听到陌生人声音，吃惊不小。纷纷放下手中农活，表情凝重，匆匆回到家里。场院上只剩年轻人一个，茕茕孑立。

年轻人思忖良久，不明就里，这里的孩子大人为何如此冷落自己。不知过了多久，一个长者走出家门，和年轻人打招呼，请年轻人进屋喝茶。言谈之间，长者知道年轻人的来历，悬着的心放了下来，招呼其他人一起来陪客，又安排几个人去备饭。

年轻人是这儿人们安居数十年以来，第一个来访世外桃源的陌生人。

饭后已是傍晚，玉兔东升，场院一片光明，大家团团围坐在场院上，听年轻人讲外面的故事，也向年轻人讲这儿的故事。

正是农忙季节，白天，桃源的人们要干地里的农活。年轻人不通农活，帮不上忙，则在这盆地转转，看地形地貌，更进一步认识这里。教孩子们识字，唱歌，年轻人自己也大声唱歌。美妙的旋律，世外桃源的人听来如同仙乐，一个女孩子尤其关注年轻人唱歌，侧耳细听，生怕漏了一字一句。

傍晚饭后，年轻人就和桃源的人们交谈。几天下来，桃源人的来历，年轻人了解得八九不离十了。

二十世纪四十年代后期，抗日战争胜利后，蒋介石发动了内战。桃源的原始先民所在的村子，被国民党的军队搜刮始尽，人们艰难度日，十五岁以上的男子都被抓去当兵，人们实在过不下去了。相好的几家人合议，推举一个有点见识的，带着几个孩子去逃难，给各家留下一条根。合计再三，十多岁的男女孩子各三人，由五十多岁的长者带着，去深山找个没有兵匪的地方，暂且安身吧。

一个大人六个孩子，离开村子走向深山。挖野菜，采野果，山溪里捉鱼蟹，饥寒交迫走了二十多天，一日来到山崖水潭，小坐歇息。大人盘算下一步该怎么走，几个孩子在水中捉小鱼嬉戏。一个男孩子追一条大点的鱼，鱼钻入遮挡山洞口的树丛里。他拨开树丛寻找，发现了山洞。大人过来，从洞口向里张望，黑乎乎的，看不到什么。进，不进？孩子们叽叽喳喳争个不休。回顾离开家二十多天来的经历，有风吹出的山洞应该还有另一个洞口，考虑再三，大人还是决定进去看看，或者还有希望，孩子们都愿意听大人的安排。

主意已定，大家一起动手，砍了许多松明子。三个女孩子要抱鸡鸭鹅，每人背四个，男孩子每人背六七个，大人背了十几个，点燃一根松明子在前开路，大点的男孩子执一个点燃的殿后，七人一行慢慢进入山洞。和年轻人进山洞的经历有点类似，不过他们没有头灯，人多又有小孩子，行程艰难多了，差不多燃烧了二十多根松明子，走了一个多时辰，才找到这个世外桃源。

如果山洞再深一些，松明子用到一半还找不到出口的话，他们可能就要返回了。苍天见谅，他们胜利了。

走完山洞，又见天日，不知这里就里，大人领着孩子小心翼翼地行进巡视，查看地势地形，审视环境，忙活了大半天，才摸清桃源的底细。七人非常高兴，谢天谢地，真的找到了世外桃源。

这是一个天坑，远古时候，陨石撞击地球而成。方圆两千多米，四周是近百米陡峭的山崖石壁，坑口四周茂密的古树，人迹罕至，不到坑沿从上面很难发现天坑的。坑底

丹芭结秀（唐堂供图）

石榴红（张迎军摄影）

四周有数十米不等的缓坡，坡上桃儿杏儿多种果树不少。数十条涓涓溪流从石壁下流出，汇集于天坑中部，形成了六十亩大小的湖面，人们就叫它天湖。湖中疏密不等长满芦苇，难分类别、大小不等的各色鱼类，密密层层游动于水中。湖水周围，二百多亩平展展的肥沃土地，嫩草青青生长茂盛。一座奇特的石山，与山崖几乎等高，立于距山崖五十余米的一侧。

这是一个食草动物的独立王国，十几头野牛，数百只野羊，无数的野兔、山鸡、松鼠等小动物在这里生长，没有狐狸和狼等大型肉食性动物。见到他们七人到来，野生动物并不躲避，水中鱼也不怕人，很容易捕捉到。有点北大荒棒打狍子瓢舀鱼的境遇，不过他们只有棒子，没有瓢。

大人带领指挥，六个小孩个个用力，砍树枝割茅草，很快就搭好了一个草房子，三个女孩子住里间，大人和三个男孩子住外间。野兔野羊水中鱼，野菜野果无穷尽，核桃、栗子也不少。初来乍到，他们过上了天堂般的生活。鸡鸭鹅，都是母的，离开家时，三个女孩子的妈妈给的，有了安家之地，可以有蛋吃。有了草房子，鸡鸭鹅放开了，三个结伴，吃虫吃草觅食。第二年春末夏初，鸡鸭鹅一起失踪了，不知去向。一月有余，三只先后都回来了，还带了一群小鸡，小鸭，小鹅。原来到了繁殖季节，三个与野鸡、野鸭、野鹅随群了，今带回了小的鸡鸭鹅，三个女孩子高兴坏了，细心地养起来。

从长远计，他们开垦了一些荒地，种上从家里带来的菜种。稻麦种子不多，也种了下去，开头两年就没吃过稻麦，后来种子多了，收的也多，真正过上了渔米乡的生活。这儿，土地肥沃，溪流灌溉，旱涝保收。

他们给天坑起名世外桃源，这是大人从说书先生那儿听过的名词儿。

后来他们还吃过两只狼，一只熊，都是从崖上掉下来摔死的。大概狼和熊也想捉天坑的野羊吃，但都没吃成，反而搭上了性命。这也是天坑没有大型食肉动物的原因吧。

来世外桃源的第五年，他们的草房有十多间了，一个不小的场院，有了村庄的模样。

一日早起，他们吃过早饭准备下地，野牛野羊成群结队，一起向他们住的地方跑过来，到了场院围在人们周围，惊恐的眼神望着崖上。野牛野羊青草充足，很少来吃庄稼，平日他们与野牛野羊和平相处，贴人的事很少发生。今日贴人，大人孩子纳闷之间，野牛野羊贴着人们更紧了。让女孩子回到屋里，大人和男孩子走出来，摸摸这只野羊的头，摸摸那只野牛的背，野牛、野羊像家畜一样温顺。一边安抚它们，一边向崖上望去。一声低沉的虎啸声传来，崖上边出现了一只老虎，野羊低头悄无声息，野牛发出低沉的哀鸣。三个男孩子不知所措，大人也吃惊不小。

百米悬崖，老虎下不来是肯定的，他很快镇静下来。指挥三个男孩子，拿着棍棒，站在外圈，保护它们。老虎在崖上转了大半天，找不到下来的路，本来就没有，老虎就走了。大人才招呼几个孩子一起下地干活，野牛、野羊也跟在人们后面走。到了地里，他们干活，野牛、野羊就在他们附近吃草。后来有五头野牛、十几只野羊，吃饱了就到场院，与人为伴。时间长了，大人就驯化野牛、野羊。有了虎口相救的经历，野牛、野羊很容易成了家畜。

小孩子长大成人了，大人也年老了，给他们办了婚事，三个家庭。没有兵匪，没有野兽，他们的日子过得舒心惬意。老人临终，叮咛他们，共同努力，养好儿女，永不出山。六人谨记在心，安葬了老人。三家人不分彼此，共同劳作，共同享受。三家先后都有儿女出生，人口多了起来。年轻人到来的时候，他们已经有二十八口人了。缺乏医疗知识，开头十多年，出生的孩子夭折的多。后来他们发现了一处山泉，泉水可治好多病。大人小孩头痛脑热，手脚伤了，泉水都管用。

说话间，长者领着年轻人来到了突兀的小石山前。年轻人独自转悠的时候，走过这小石山。

这小石山有点奇怪，五个十多米高的大石头，呈五星分布，共同顶起一个高约七十多米、直径五十多米，近乎圆柱立方体的更大的一块石头，就是独块石头的小石山。独块石头和下面的五块垫脚石，石质、色泽、纹理完全不同，不知当初怎么形成的。

小石山顶部有几棵苍劲的小树和一些野草，明显看得出和四周崖上以及盆地的树、草不是同类。山顶一侧悬崖下，有观世音石像浮雕，五十米高下，半边身子突出石壁，鬼斧神工，逼真如同人工雕刻的一般。观世音左手提净瓶，右手执杨柳枝。这杨柳枝，又凸出来了一些。杨柳枝下端有细流滴下，落在一块光滑的石头上，四散分开，在石头下方形成小水坑，茶色的水，汇入溪流，流入天湖去了。流经过的沟渠两边，水草比别处更胜一筹。

长者指着杨柳枝滴下的茶色水，对年轻人

潘静淑（1892—1939）《石榴》

刘子久（1891—1975）《石榴双禽》

说，就是这水。最早发现这茶色水，还是长者自己。他做农活时，左手受伤感染发炎了，肿胀难耐，还有黄色的脓液流出，久久不能痊愈，农活也做不成了。一日他到这小石山下乘凉，那顶着小石山的五块大石头，相互间隙不小，容得三五个人并排通过。五星围成的中间，有横竖二十米大小的空间，高有十多米，正是乘凉的好去处。受伤肿胀的左手，这时又有脓液流出来，没得东西擦拭，就去用杨柳枝滴下的水清洗，感觉很舒服。第二天肿胀就不那么严重了，疼痛似乎轻了点，他很高兴，又去洗了几次，手就完全好了。试着尝了一小口这水，微酸顺口，又喝了几口，肚子没什么异样感觉。他把这个发现告诉其他几个大人，伤了洗伤，着凉闹肚子了饮这水，试了几次都管用。此后大人小孩都放心用，有疾病发生好得快，人丁很快兴旺起来。

还有一个奇特之处，突兀架空的巨石小山，不论雨下多大多久，整个观世音像，滴水不沾。杨柳枝有水滴下，雨涝不见其大，天旱不见其小，几十年来一直这样。

年轻人围着这石山转了几个圈子，悟不出其所以然来。观察这水，茶色但清澈，品尝口感也如长者所述，微酸爽口，百思不得其解。

再查看这水滴下之处，水珠溅到的一棵石榴树，灰色的树干光滑没有一个疤痕，枝繁叶茂，果实累累，硕大艳红可爱，正是果实成熟季节。长者摘下几个，剥开请年轻人品尝。籽粒大宝石红色，入口甜润，妙不可言，是年轻人吃过最好的石榴，他接连吃了三个，意犹未尽。

几天的交往，年轻人爱上了这世外桃源，更爱上了这儿的人。一个眉目清秀、身材高挑的女孩子有点黏他了。他要离开了，人们恋恋不舍，但谨记永不出山之训。小孩子们更是不让他走，还想听他讲外面的事。人们希望他再来，更要他保守这儿的秘密。那个女孩子以目传情，有难分离之意。

年轻人把自己的东西，除了必需的，都留给他们。人们送给他许多山珍，他只带了几个石榴，还有几个石榴枝条，一瓶茶色的山泉水，是要送给朋友的，他的朋友种石榴。后来朋友问他，这石榴叫啥品种，他也叫不上来，因为他没问世外桃源的人。朋友品尝后对这个石榴品种很满意，要做主栽品种，嫁接、育苗、扩大种植，以人文始祖伏羲名字，起名叫"伏羲红"石榴。茶色的山泉水，经化验富含多种有益微生物，朋友培养了，用于石榴栽培，收益颇丰，这是后话。

年轻人不愿暴露世外桃源的入口山洞，趁着深夜离开返家。一边安排自己的事情，一边筹备再次去世外桃源的事，给那儿人们准备了好多东西，太阳能电池板、手提灯、收音机、刀、锯、剪刀……还有纸和笔，他要教那儿的孩子认字。

后来他去了。

他再次找到了世外桃源吗，不得而知，再也没有他的消息了，我们一起祝福他吧。

（骆长义）

封疆史善结河阴石榴缘

明宣德年间，于谦以御史巡抚河南。其少子柱儿突染时疾，红白痢转赤痢，屡治不愈。眼见儿子一日消瘦一日，少魂失魄地头耷拉着，眼皮也不愿睁，气息奄奄，于夫人心急火燎而又无可奈何。正情急之中，有一个仆妇悄悄地贴近身来，向夫人出主意说："夫人，看来少爷得的不是一般的病，可能是被邪气缠上了。得请神仙来镇一镇，求神仙保佑了。"她知道老爷不喜欢求神拜佛，只能偷偷地给夫人讲。夫人虽怕老爷不高兴，可眼看着孩子病得不能行了，也就顾忌不了那么多，不管神仙佛爷灵不灵，总得为了孩子去试一试呀！于是便决定先瞒着老爷进庙烧香许愿，孩子的病轻了、好了，再给老爷说。虽说各个庙里的神都说很灵，去哪儿烧香祈祷都中，夫人却自有主意。不仅洛阳城里各个神殿去上供，连周边寺庙也不漏过，慈云寺呀！天仙庙呀！重阳观呀！飞龙顶呀！每一处都派人前去虔诚祷告。哪知，庙是进了，神是拜了，香是上了，愿是许了，柱儿的病不仅一点儿也不见轻，似乎较前越来越重了。一天仍旧下痢二十多次，人要是不扶着，他腿软得站都站不起来。夫人望着孩子病成这个样子，束手无策，只能心疼得暗暗垂泪。

哪个人不疼自己的孩子？不仅夫人心疼，于谦也为柱儿的病愁得不能行。可他又有什么办法呢？不仅洛、汴两京的名医请个遍，连周围各县的大夫也都专程锦轿相求，接来送往。哪知，走马灯似的岐黄高手，竟没有一个人降得住痢疾这个小小的病魔。这一天，于谦处理完公事，退居内室，本想泡上一杯茶，消消疲累，舒舒心绪。禁不住柱儿病恹恹、朝不保夕的样儿，又浮上心头，使人烦闷得连一口茶也喝不下去。焦虑中，只听窗外蹬蹬蹬蹬脚步连声响，"忽拉"帘子一动，闪身进来了一位家人——于保。那于保平时可恪守上下之间的礼节，从不慌张冒失。这一次，啥规矩也不讲了，不吭声就掀起帘子，掀开帘子一脚刚插进门槛就喊："老爷，这下可好了，来了个老道长……"

嘿！这才焦虑烦闷中，忽地又冒出了个不顺心的事儿，平日他就苦烦和佛道中人打交道，今个正怀揣二十五只小白兔"百爪挠心"的时候，来了个"老道长"，还、还"可好了"，他怎能不更心烦？当他摆摆手想请衙门里的师爷接待时，那于保更一反常态地抢过话头："那道长说能治少爷的病？那道长皓首银须，仙风道骨，一派……"

于保为了给柱儿治病抢话说的急劲儿，使于谦很受感动。忍不住接过话说："神仙气概，是不是？好了，有你如此为少爷的病着急，就去会一会这位道长吧，但愿他真有仙方。请在客厅，为老道长侍茶。"

不一会，于谦来到客厅门前，果见大厅客座上坐着一位老道长，皓发挽髻，银须垂胸，茶几上搁一鼓囊囊的布裹，手上执一柄白丝轻拂的拂尘，真个气宇不凡。便踏进客厅，上前执礼说："多怠慢仙长，容下官赔礼！"

老道长一见于谦来到客厅门口，便立起身来恭候。待于谦走进厅门以巡抚之尊虚怀赔礼，连忙轻挥拂尘，拱手过眉，躬身答谢："善哉！善哉！贫道实在不敢当此大礼。贫道乃山野淡泊之炼气士，本不应高登府衙，打扰贵人。近闻贵府公子久患赤痢，屡治不愈，不免触动善念。今日特来求见，或可稍献薄技，疗此患疾。"

于谦闻言，又喜又忧。喜的是，柱儿病重名医束手之时，忽来高人，似乎柱儿的小命会有转机；忧的是，出家人以化缘为业，不知这位道长会有什么奢望？不过，说起来人家总是给孩儿治病而来，万万不可失礼。于谦和道长分宾主坐下之后，于谦亲自执壶续茶，再次表达谢意："仙长如此眷顾小儿，救病重于绝望之时，下官感激不尽。敢问仙长法号？仙长何处？"

"善哉！善哉！人生不过天地之间飘荡不定之微尘，贫道即以飘尘权署小号；暂居广武山之飞龙顶，添为监院。出家人以慈悲为本，大人以清廉为民，理应拯救少爷于病患之灾，大人无须言谢。"

在他们交谈之间，于保早已从内院将柱儿抱了出来。道长一见，连忙离座，口称"善哉！善哉！"就身柱儿跟前。他望见柱儿病恹恹、少气无力的样子，禁不住叹了口气，脸色显得十分凝重。马上伸出三个瘦长的手指，搭上柱儿右手腕的脉门，低声地说："来晚了一些，来晚了一些。"于谦也俯身道长侧畔，也像于保一样，大气也不敢出。道长把着脉，似在追寻什么，重按细察了半盏茶的工夫，脸上方稍稍显出一丝喜色："善哉！善哉！元气细弱游丝，忽断忽续。"说罢，便直起身，走到座前，从他随身携带的鼓囊囊的布裹中，掏出一物。但见此物椭椭圆圆，大若拳头，通体黄澄澄中泛耀出胭脂红，原来它是极为普通的山果石榴。

老道长将石榴拿到柱儿跟前，脸上露出微微的笑意，显得更加慈眉善目。他又从身边取出一把薄刃小刀，围着石榴嘴儿，在石榴肩处，轻轻地划着镟了一圈；再用大拇指摁着石榴嘴儿，稍稍加力一摁便把石榴果的盖儿揭了开来。于保"呀"的一声惊呼，但见一兜玫瑰色直耀人眼，那石榴粒儿好似一粒粒红玛瑙，挤满了石榴房。你说怪不怪，

　————————　中国石榴传奇　————————

柱儿少气无力直耷拉着的眼皮儿，也睁开了一点缝。原来，石榴粒透出了几缕清香，让他的精气神儿有了些微清爽。老道长又瞄着石榴外皮上的楞线，从上往下一一划开，那饱满的鼓胀的石榴粒，立马把石榴皮胀裂开来。接着，老道长剥下了几粒红溜溜的石榴粒，送到了柱儿的嘴边："给，吃吧！慢慢咽下去。善哉！善哉！"

于保瞅见道长要柱儿将石榴粒儿咽下，不由得吃了一惊，连忙阻拦说："不行！不行！少爷咽不下东西不说，这石榴里有硬籽儿，卡住嗓子怎么办？"

那道长笑了笑说："善哉！善哉！莫要怕。这是河阴石榴，不光汁是清香的、润滑的，籽儿也是软软的，嚼也好，不嚼也好，会顺顺溜溜地咽下去。汁和籽都是治少爷疾病的良药啊！"

更怪的事儿在老道长说话之间出现了，病恹恹的柱儿，眼皮不想睁、嘴片不想张的柱儿，竟把那几粒石榴粒儿一颗一颗、两颗两颗地咽了下去。于保看着、看着，两眼惊喜地流下了泪。于谦呢？也注视着这一番场景，暗自点了点头。他们都记住了四个字：河阴石榴。

老道长将手中掰开的石榴，递给了于保，并嘱咐说："善哉！善哉！让少爷吃吃歇歇，歇一会儿再吃，把这石榴粒儿连籽都吃下去。另外，把石榴皮温火焙黄、焙酥，用药碾子碾成碎末，分四次以温白开水冲服。"说罢，又从鼓囊囊的布囊中，掏出了九个石榴，转过头对于谦说："大人，河阴石榴乃石榴中最为珍贵的佳品，它不仅是治痢疾的良药，更能固本增元——增强人体的元气。少爷的身体太弱，元气亏损太大，普通治痢之药难以发挥药力。故而，屡治不愈。大人无须着急，贫道先留下这十个石榴，可连服十个石榴，可连服十天。十日之后，贫道当再来拜望。"说罢，扯起皮囊、轻拂拂尘，转身就要启行。

于谦连忙上前拦住："仙长远途奔波，救小犬于病危之时，恩重如山，怎么连斋饭也不容下官供奉？""善哉！善哉！举手之劳，请勿谈什么恩德。大人为官一方，清廉刚正，小民受恩受惠多矣！今日贫道能有此行，可视为天之返报也！"道长说罢，拱手过眉，便要抽身辞行。

于谦见老道长如此超脱，暗暗称奇，也就不再阻拦。反正十天之后，他还要再来，那时再报答他也不为迟。送道长直到抚衙门外，望道长飘然而去之后，便转身吩咐于保："照道长嘱托去照料柱儿，不可有误。"回到内室，如此这般又给夫人讲述了一遍。夫人也暗暗称奇，打心底认准是神仙显灵，化身老道长来搭救柱儿。

要说灵，也真灵。一天一个河阴石榴，连浆粒带软籽，再带焙成黄酥、碾成细末的石榴皮，按时照晌地服下，那柱儿拉痢的次数减到一天七、八次不说，人也有了精气神儿。十天过后，老道长准时按约又来到了抚衙。于谦本想在接待之时与老道长好好地叙谈叙谈，哪知人家不想多占于谦的时间，进入客厅刚奉上茶，就催着要看柱儿的病情。于夫人闻听道长仙踪莅临，便亲自陪同柱儿一起出来，恭向道长表示感谢。老道长一见柱儿病情大好，也高兴得眉开眼笑，连称"善哉！善哉！"

寒暄一阵过后，老道长二话不说，又拉起柱儿的小手为他号脉。接着又问于谦要来府县名医为柱儿开的方剂。看罢众多的药方，从中拣出了一付，开口对于谦说："善哉！善哉！这方儿是开得不错，但让元气受损殆尽的童稚服用，药力过猛了一些。此方配服河阴石榴，剂量减半可用。"说罢，又从背来的布囊中掏出了九个石榴。接着说："这九个石榴，也照前服用。当这几个石榴和方剂服完，少爷的病体该是痊愈了。"说到此，不待于谦和夫人答话，又立起身来，执拂尘过眉，拱手告辞。

这一次，不光于谦，连于夫人也急步上前，一齐拦阻，说什么也要供奉斋饭。老道长呢？偏偏清高得很，说什么也不肯留下用饭。于谦苦劝无奈，只好捧出十两纹银，聊作盘缠。

老道长一见，笑道："善哉！善哉！些许山果，尽乃山民布施，大人真要过意不去，请将这些银两赏赐山民吧！"说罢，连送也不让送，宽袖轻甩，拂尘轻扬，连头儿也不扭一下，就飘然举步，步出抚衙，悠悠自去。

于谦和夫人跟出抚衙，不管道长看见看不见，依礼而拜。拜送之后，于谦立马唤来于保："有个事儿，你找人去办一下。到河阴广武山，多多栽培河阴石榴树苗，将苗木广施于山农，广栽仙果一般的河阴石榴。"

于保办事十分认真，他亲见吃河阴石榴治好了少爷的疾病，认准广栽河阴石榴是积德行善的大好事，便不辞劳苦把老爷的盼咐办了个十全十美，他甚至跟着山农亲手栽了几百棵。这么一来，人人都知道巡抚大人喜爱石榴，飞龙顶附近的沟沟坎坎都栽满了石榴树。

没过多久，朝阁旨意下达，让于谦金秋时节回朝述职。也就是说，于谦最晚也得在九月中旬，回北京晋见圣上，消息一传开，河南全省府县震动。于谦为官做得太好了，极得民心，这一次返朝，既可能高升，又可能调往别处，老百姓怎么舍得让他走？可，不让他走呢？谁又能抵得住圣旨？于是，趁重阳节来临，于公还在河南之际，各府县、甚至邻省也都来送礼致贺，以表心意。于谦的清廉刚正谁人不知？谁敢给他金银财宝？于是，不少人想"门"想到了一块。重阳节是登高节，人们祝于公高升，这个"糕"是少不了的；人们舍不得于公离开，实实在在地想挽留于公，这个"石榴"是少不了的。菊花糕和石榴是吃食，不耐久贮，送给于公之后，他难以退回；一退回，在路上非坏掉不可，何况于公又是那样喜欢菊花和石榴呢？所以，赌定了他再不喜欢收礼，也非收这个礼不可。一心一意想给于谦送礼的人看准了这一点之后，从九月初二、初三开始，陆陆续续就有成包成包的糕点和成篓成篓的石榴，闹纷纷地来到了洛阳城，来到了抚衙。

于谦遇到这种情况，实感无奈，民意可以心领，这么多东西怎么办？收又不能收，退又不能退？正当他一筹莫展之时，忽然听到了柱儿的读诗声。柱儿在读于谦自己写的《咏石灰》：

> 千锤万凿出深山，
> 烈火焚烧若等闲。

剪纸《石榴盆景》（冯雪创作　王庆军摄影）

　　　　　粉身碎骨浑不怕，
　　　　　要留清白在人间。
　　再听听，柱儿又读起王之涣的《登鹳雀楼》：
　　　　　白日依山尽，
　　　　　黄河入海流。
　　　　　欲穷千里目，
　　　　　更上一层楼。

　　听到这儿，于谦的心胸豁然开朗，"无奈"的情绪一扫而空："对！把糕和石榴统统收下，然后赏给来人以购置的价钱；再用这些糕点和石榴，举办一个举人、秀才、童生和官员、黎民都可以参加的重阳佳节吟诗会。请学政大人主持，评糕点、评石榴、评诗，以最好的食品奖励最好的诗，来一个与民同乐。"

　　一年一度的重阳节本来就很热闹，今年的重阳节由于巡抚于谦要在龙门山举办吟诗会而更加热闹。这一天，龙门山顶设下了糕点石榴宴，摆下了吟诗台。天刚蒙蒙亮，附近府县的举人、秀才、童生和河南行省的官吏人等便纷纷赶来。他们攀登到山顶之上，席地而坐，品糕点、品石榴、谈文论诗玩了个不亦乐乎。时至中午，与会人等首先评出了糕点与石榴中的佳品、极品。他们异口同声地把汴梁菊花糕和河阴石榴推举为糕中的最美者、石榴中的最佳者。说汴梁菊花糕酥甜适口，淡香入喉，令人心神俱爽；更说河阴石榴原本仙果，后为唐、宋之宫廷贡品；粒饱汁多，清香润喉，直达五脏六腑，籽软无渣，壮人元气，健人体魄，胜似瑶池寿桃；其甜度、香度、籽粒色泽，逢其他产地的石榴俱高一等，堪称人间极品。于谦见河阴石榴赢得众人如此赞誉，满怀喜悦，心中暗想：这河阴石榴不仅仅是能救我的孩儿的性命，它在人间造福多多矣！千百万人感受其惠，方能品位标格于百果之首。

　　与此同时，新执河南行省文宗的学政大人，将与会俊彦所吟诵的诗作也收集了上来。他和名贤宿老反复推敲，到夕阳欲下，滔滔奔涌的伊河水把粼粼金光映染龙门的时候，终于选出了两首咏志述怀冠压群伦的佳作为头二名。只见数百双羡慕的眼光，紧盯着学政大人手中两幅薄薄的诗笺；只听他抑扬顿挫、按律依拍地念道："头一名《清汜》：
　　　　　清汜垂虹贯浊流，
　　　　　崤关虎踞瞰中州。
　　　　　山河不尽登临兴，
　　　　　两袖清风独倚楼。"

　　此诗刚朗诵了一句，于谦便忍不住地"咦"了一声。待整个诗句念完，更为之摇了摇头，顺口问道："此诗乃何人所呈？"

　　学政大人见问，兴高采烈地答道："此诗乃汜水著名的秀才陈铨所作。早闻此人，满腹经纶，风流蕴藉，倜傥不凡。妙的是第二首诗《晴空》，乃河阴一老童生刘成所作，这名童生的文才原是极好的，奈何时运不济，应考四、五十年连一个秀才也没有捞到，只好设私塾教几个童稚度日。偏偏他的学生，多有考中举人乃至进士者。"

于谦闻言，满怀同情，遂轻轻地叹了一口气，正要开口说些什么，只见侧旁挤过来一个年轻秀才，对着于谦和学政大人纳头便拜，口中连声告罪："巡抚大人、学政大人请恕学生荒唐之罪。"

不光于谦和学政大人，连同身周的幕僚诸多官员均为之一愣。只听这个秀才继续说道："学生陈铨，今日尽兴品高（糕）吟留（榴）的重阳诗会，连连涂鸦十余首诗作，尽为拙劣，实在不满意。心想：今日高士满席，怎能以平庸之作玷人耳目？忽然悟起，在崤关关头高楼之上，曾见绝句一首，实实令人百般吟哦，爱不释手，故而随手抄下、奉上，想不到竟评为头名。《清氾》一诗，并非学生所作，特此告罪。"

于谦闻听，哈哈一笑，尚未答话，身旁的布政使大人便在笑声中接过话来说："原来如此。我正在纳闷：《清氾》一诗本为抚台大人的锦绣佳作，怎么成了你陈铨的诗？哪知你竟如此不知高下……"

于谦见陈铨羞愧难已，着实怜惜，便岔开话说："一首小诗，算不得什么，莫要过责。"

学政大人一听这事的来龙去脉，不觉扬声笑道："原来是抚台大人之妙笔。我说呢，'两袖清风独倚楼'是何等的浩然之气？让我辈有幸参与重阳诗会者如沐甘露，感慨良多。我看此事不但不可责备陈铨的玩世不恭，还要奖励他为诗会呈献出如此名篇。"

布政使大人也转怒为喜，连声说："当得，当得，学政大人言之有理。"

于谦不欲让人在自己的这首诗上关注过多，便说："这首诗不可参评，请学政大人宣布第二首诗吧！你看，大家都等着急了。"学政大人边说："好！好！"边举起手中另一幅诗笺念道《晴空》：

晴空一鹤排云上，
难将鸿图寄朔方。
怎胜河阴多刺树？
石榴累累孕琼浆。

此诗诵罢，音尚未落，便引起龙门山满山遍野地轰然叫好。人人口传此诗，没多时便传遍了河南八府五十六县。经此重阳诗会，河阴石榴更名声大振，公卿绅士莫不争相采购，都想一品为快。

待到于谦准备进京朝圣之日，同僚们都来劝说于谦："即使不以贵重的礼品馈送当朝的主政者，也该带些河南的土特产去意思意思。荥阳之丝绸、绢帕，新安之蘑菇，禹州之线香，早已闻名于朝野，不可不作为贡品携带入朝。"

于谦说："诸公所言虽是，可我怕贡品成为惯例，那时反贻害于民，不如依旧'清风两袖'吧！"话是这么说，但他也怕河阴石榴之名播扬得太广，朝廷之上肯定会听到，朝见时圣上问起来不好回话；再者，他也觉得河阴石榴实在美味异常，且对人体有培元

会理石榴基地（左子文供图）

之功用，真想让圣上品尝品尝；所以，便选个大色鲜的随身带了两篓。

　　一般来说，封疆大吏回到朝中，谁都想让朝臣在圣上面前为自己美言几句，好召回朝廷升入阁辅，执掌枢密；或者调到富庶之地为官；再不济也能保住原职原位。哪知，于谦对为官之道好似榆木疙瘩，死劲的很，对位居宰辅的所有尚书、侍郎统统"无礼"。本来，朝中的这些官们，早就听说于谦清廉刚正的很，心中也没有打算收他的厚礼，但是总想着人情来往，于谦从河南来总不会连一点绢帕之类的土特产也不带一点儿吧？哪知一打听，他不仅不带一点礼物，反而写了一首诗，以明其志。诗名《入京》，诗中说：

<blockquote>
绢帕蘑菇并线香，

本资民用反为殃。

清风两袖朝天去，

免得闾阎话短长。
</blockquote>

　　朝官中，品位好的听了"哈哈"一笑，不说什么；品位坏的，在于谦朝见皇帝之前，便拿河阴石榴是仙果啦！重阳诗会官绅乡井万人评为极品啦！于谦广栽河阴石榴沽名钓誉啦！说了一大堆。最后归结为：此次入朝晋见，连个石榴毛也没向朝廷进贡，可见他心中无君王，目中无圣上。宣宗虽是比较精明有为的君主，可他听了这么多谗言之后，心中也有几丝隐隐的不悦。

　　景阳钟响，催班鼓动，群臣排班朝拜圣上之后，宣宗特召于谦晋见。在于谦朝拜和整个述职启奏中，果然不像其他封疆大吏回晋见时，净讲一些好听的这祥瑞、那吉兆，来讨圣上的欢心。除了劝耕、兴学、治水、奖惩官吏外，没有其他任何多余的话。宣宗一则想鼓励于谦的清廉，二则想探于谦心里到底有没有自己这个皇上，便在退朝后将于谦单独留下，召到九龙御座跟前，直接询问："爱卿巡抚河南，当有异人奇事，可向朕一一奏来。"

　　于谦见问，诚惶诚恐地躬身回答："异人行止高洁，真令人感动，惜其乃修行之人，不能为圣上所用。"接着，便将飞龙顶道观之监院飘尘道长如何治病疗疾，搭救柱儿，却又功成身退，丝毫不要报酬，丝毫不计名利，专以善心德行立世，一一向宣宗启奏。

　　宣宗听罢，龙颜大悦，遂对于谦说："世上有此异人，乃黎民之福也。其人虽不能置身朝纲，为朕所用，其善德可教化万民。爱卿当拨专银三千两，装修飞龙顶，昌大昭彰。"待于谦拜倒接旨之后，宣宗又笑着问："河阴石榴能治病疗疾又甘美异常，果真是仙果吗？惜朕无福，不得一见。"

　　于谦听到这话，突然间似五雷轰顶，急忙拜倒于地。试想想你于谦的儿子大吃特吃这一"仙果"，直到在鬼门关前将小命儿救回；你于谦大收特收这一"仙果"，直到举办重阳节吟诗会奖励诗魁；可是却让圣上"无福"，见都不能见到；你不是心无君王，目无圣上吗？到这时，于谦再也不敢迟疑，以头触地启奏："臣，罪该万死。臣早该将河阴石榴进贡于朝，一直迟迟未能妥办此举手之劳的事，实有难言之隐。"

　　见于谦如此，越发想知道不进贡河阴石榴的原委，宣宗仍然和颜悦色地说："哦！有难言之隐？恕你无罪，有何难言之处，可向朕一一奏来。"

　　于谦俯伏在地说："河阴石榴真称得起果中仙品，居中州百果之首。果实本身个大色鲜，粒似玛瑙，光泽喜人；其汁似琼浆，入口甘美滋润，满口生津；尤为异者，粒中籽核性软可食，且健体壮元固本。臣一纸之令，举手之劳可让百车进京，献'仙果'御驾之前。但，臣心中生怕此例一开，朝贡不断，苦扰圣上之黎民，陷圣上有道明君于不义。"

　　宣宗听到此处，不禁哈哈大笑："河阴石榴竟有如此魅力，让朕把它定为皇室贡品？朕，不过闻此物之虚名，欲一识其面而已。"

　　于谦听宣宗这么一说，马上秉直奏道："河阴石榴确是人间极品，百果中之最佳者。臣在深心极欲圣上年年岁岁能享用此物，今日奉诏见驾之时，已带在身边，敬揣胸怀。""啊！你带有河阴石榴？何不早说？快让朕看看，它是何等仙果。"

　　于谦闻旨，忙从怀中取出两个个大似拳、色泽澄黄中泛起润红、瞅一眼就让人十分喜爱的河阴石榴。宣宗接过之后，反复把玩，爱不释手。可它毕竟是食物，宣宗食欲早动，只是不知如何吃法，只好拿在手中反复端详。于谦见状，马上启奏："臣启圣上，可剖而食之。"

　　宣宗高兴地说："爱卿可为朕代劳。"

　　于谦领旨，立起身来，唤近侍取过薄刃小刀，照飘尘道长剖开石榴的方法，先开石榴之盖。宣宗见石榴盖打开后，果然是一色玛瑙般的果粒，晶晶莹莹令人食欲大振。接着，于谦把石榴依石榴房剖成数瓣，将果粒轻轻剥出，双手捧向圣上。

　　宣宗先用白皙的手指，轻轻拈起一粒，放入口中，顿时满口生津，甘美直润咽喉。忍不住赞美一声："真仙品也！"连连吞食数十颗。细品滋味之后，咋着也忍不住地向于谦问道："爱卿带的还有没有？可让朕的皇太后和六宫也尝一尝？"

　　于谦答道："微臣进京之日，特为圣上带来两篓河阴石榴。如欲多得此物，尚可急赴河阴收购。臣，唯恐惊扰圣上之黎民……"

　　宣宗马上拦住于谦的话头，笑着说："朕，岂是横征暴敛的无道昏君？爱卿你太过虑了。不过，有此人间仙果，岂可不与众朝臣共享？今，赐爱卿白银三千两，为朕购买贡品河阴石榴三百篓，遍赐六宫与满朝文武……"

　　圣旨一下，三千两白银拨给了河阴广武山的山民，创造了朝廷购买贡品的特例。于谦作为封疆大吏，德政爱民，他善结河阴石榴缘的佳话，便世代相传，溢美人间。

（陈玮）

圣水泉和榴花姑娘

在峄县石榴园里，有一个旱涝不干、常年流水的清泉。这泉不大，水味甘甜。当地人叫它圣水泉。说起这泉的来历，还有一段有趣的故事呢。

据传说，在两千多年前，西班牙国王的女儿玉晶公主，爱上了一个平民家庭的小伙子。国王不同意，不让他们成亲。硬把小伙子判了罪，发配到很远的地方去了。玉晶公主因为失恋的痛苦，每天呆呆地站在花园内的假山下，看着百花落泪，颗颗泪珠洒落在假山石旁。

第二年，玉晶公主相思过度，悲痛地死去了。在泪珠洒落的地方，长出了一棵棵带刺的树，结出一个个比拳头大些的圆圆的果子。花工呈报给国王，说御花园假山下，出了一些奇树，开的花像火一样红，结的果像球一样圆。国王和大臣们觉着很奇怪，每天来花园看一次。奇树总得有个名字吧，因为生长在石头旁边，人们就叫它石榴花树了。石榴花树又长在玉晶公主站过的地方，于是人们说，石榴籽儿是玉晶公主的颗颗泪珠凝成的。

西班牙姑娘人人同情玉晶公主、喜爱石榴花。她们把石榴树栽遍全国。为了纪念玉晶公主，石榴花被命名为西班牙国花。

我国汉朝时，张骞出使西域，来到西班牙，看中了石榴树。他向西班牙国王请求，让他带些石榴种子回国。国王说："要让石榴树到贵国安家，必须让一名西班牙姑娘去栽培。"张骞很高兴，回国时，就带了石榴树种子和一名西班牙姑娘。这位姑娘把石榴树种子撒在山东峄县的石崖山上。第二年长出棵棵石榴树苗。三年后，石榴树开花结果了。人们看她爱石榴树爱得情深，都亲切地叫她榴花姑娘。

榴花姑娘住在石榴园，守在石榴园，天天培土、浇水、捉虫……赶上旱天，榴花姑娘就在山上挖泉，一桶一桶地提水浇灌。因为姑娘勤劳、善良，感动了山神。她挖出的泉水青蓝、甘甜，长年流淌不尽，这就是人们说的圣水泉。榴花姑娘靠圣水泉的泉水，抗住了干旱，保住了她一手建起的石榴园。

圣水泉的泉水，至今还顺着山坡往下流，一天一天，一年一年，冲出一条弯弯曲曲的小溪。这条小溪，转弯抹角，流入山下的"金柱洞"。那棵有名的"苍龙探海"石榴树，就生长在这条小溪边上。

在榴花姑娘的影响下，当地人们也一起培植石榴树。年年栽，越栽越多，成了有名的万亩石榴园。后人吃着甜甜的石榴时，总忘不了榴花姑娘当年培植石榴树的辛苦。榴花姑娘至今也还惦记着石榴园。据说，每到阳春三月，冰消雪化的时候，榴花姑娘总要在圣水泉边出现一次。

（继乾　海贞）

榴园景色（张孝军摄影）

石榴与石榴酒（高明绍供图）

水晶珠玉（唐堂供图）

石县令

从前，山东峄县有个姓石的县令。石县令为官清正，得罪了同僚，被参，贬官为民。石县长不做官了，想起古人一句话："不为良相，但为良医"。就到乡间住了下来，潜心习医。

俗话说："秀才学医，快刀杀鸡"。石县长是进士出身，不到半年，就读了《黄帝内经》《本草纲目》。他踏遍青山，采集草药。走乡串村，为民治病。

一年年过去了，石县长头发都白了。他仍然爬了一个山头又一个山头，走了一个村庄又一个村庄。凡经他看过的病人，没有一个不是药到病除的。他的医术越高，名声也越扬越远。在金銮殿里享乐的皇帝，不理国事，整天迷恋在三宫六院七十二妃的怀里，得了蒸骨痨，咳嗽不止。宫中的御医愁皱了眉头，使尽了招数，还是不能使万岁爷的病见轻。正在皇帝睁眼等死的时候，有人打听到峄县有个名医石先生，医道高明，手到病除。于是，奏给了皇上。皇帝听了大喜，降旨让石先生进京。并御笔写信一封，声称只要治好万岁爷的病，不仅官封三品，还要把金枝玉叶的公主赐给这个白发苍苍的老头儿做妻子。

石先生不愿为皇上治病，又舍不得峄县的穷苦百姓，但圣旨是违抗不得的。于是，登上县城西边的卧虎山，纵身跳了下去。点点鲜血洒遍山岗，鲜血入土，不几天便长出一棵棵火红的树苗。树苗长大后，开红花，结红果。果中有万点血珠，尝尝，涩中有甜。人们怀念石医生，因为这是石医生留下来的，就叫它石榴。

现在，峄县人还用石榴叶当茶，用石榴根驱虫，用石榴皮治病，用石榴籽化积呢！

（杨传珍）

燕王游石榴园

　　明朝时有位年轻的王子，叫燕王。有一次他带兵打仗路过薛城，心爱的妃子突然故去了。这妃子叫权妃。燕王失去权妃，难过得连眼皮都哭肿了，就把心爱的人儿埋在县城西二十里象鼻子山下。这时，是石榴花盛开的季节，紧靠权妃墓的石榴园，像一片火海，一眼看不到边。燕王见了这些美丽的榴花，更加想念死去的妃子，留留恋恋，不想离去。他扮成一个秀才，带着两个护卫进了石榴园，想来赏赏石榴花，散心解闷。

　　燕王顺着山间小道一直往东走，一路上花香扑鼻，泉水叮咚，鸟儿喳喳鸣叫。可是燕王怎么也高兴不起来。一直走了十多里，见石榴园深处，坐落着一个深宅大院。大门的两侧贴着对联，上联是：王侯属我辖，下联是：子孙满天下。燕王心里本来就烦，一看对联更是火起。正想进去看看，门却"呀"地声开了，走出个白胡子老头。燕王劈头就问："你家是什么官职，口气不小啊？"白胡子老头说："老八辈没有戴纱帽翅的。"燕王说："为什么王侯属你辖？"白胡子老头笑了："你一看便知。"说着，领燕王登上一个黄石岗，来到一棵石榴树下。他用拐棍敲着树说："人有人王，树有树王；这棵就是'石榴王'"。又朝西一指说，"那棵树长得古怪，叫'探海侯'，对联上写的'王侯'就指的是它们。"燕王明白了对联的意思，就指着石榴王说："它长得并不高大，能能称王呢？"老头冷冷一笑："人不可貌相嘛，朱元璋一脸麻子，不是照样当皇上吗？"燕王就是朱元璋的儿子，听老头揭了父亲的短处，心里很不痛快。不过他现在是秀才打扮，这当口也只好压住火。又问："子孙满天下是怎么回事？"白胡子老头说："中国有九州，我有九个儿子，每个儿子又各占一个州名，每个儿子又有九个儿子共有九九八十一个孙子，每个孙子又各占一个县名。这就叫子孙满天下。"

　　燕王感觉奇怪，就到老头家里去看。老头拿起铜锣"当当当"一连敲了三下。一会儿工夫，他的儿孙们就排成队站在院子里啦。燕王仔细看了看，模样都像老头。

燕王回去后，把在石榴园里见到的怪事告诉了另一个妻子童妃。童妃虽然漂亮，但心眼不好，她和燕王成亲三年多了，还没生儿育女，心里老是沉不住气，一见别人生孩子就嫉妒。她对燕王说："不好，不好，白胡子老头的祖坟埋进风水地啦，占了'母猪林'，对大明朝的江山可不利呀！"燕王说"管它公猪林母猪林，对江山有什么利不利的？"童妃说，"她占猪地，咱家姓朱，他的'猪'克了咱的'朱'，他家的'猪'生多了，就把咱家的'朱'妨去了，你不挖了他的祖坟，我一辈子也别想生孩子啦。"

燕王听了童妃的话，又想起白胡老头说父王是大麻子，就越想越恼，越想越气。第二天，燕王带着兵马围上了那座大院，口口声声叫老头出来答话。叫了半天也没人出来。这时，有个十五六岁的少年，骑着老黄牛从山下上来，问道："为啥围住俺的家门乱吵吵？"燕王说："快叫你当家人来回话！"少年说："我就是当家人。"燕王喝道："胡说！"少年说："一点也不胡说。俺家的家法规定：娶了媳妇就不许当家了，因为我没娶媳妇，才叫我当家。"燕王觉得好笑，心想，这事挺新鲜哩，就问："娶了媳妇怎么就不能当家啦？"少年说："俺小叔娶了媳妇不争气，光听枕头风，信媳妇的话，把家里的事办糟了。"燕王脸皮一红，喝道："不要胡说，快叫你爷爷来！"少年说，"爷爷在后宫唱戏哩，正在兴头上呢。有话就跟我说吧。"燕王说："你爷爷想造反，大门上这对联就是罪证，快叫你爷爷出来服罪！"这时候，白胡子老头出来了。少年从牛身上跳下来，说："我爷爷来了。他头戴王冠，身穿龙袍，分明是个皇上，你能管得了他？"燕王一看，原来老头穿着戏衣，真是哭不得笑不得，就说："你爷爷是戏子，全是假的！"少年抓住话把不饶人："既然知道是假的，为什么还当真？爷爷写对联只是穷开心，你偏要治他罪，岂不太讹人？走，咱上京城找皇上评理去！"燕王没想到这小子还这么扎手，就哈哈大笑说："你敢跟我打官司？胆子不小！实话对你说，我是皇上的四太子——燕王。"少年也哈哈大笑说："不要吓唬老百姓，你这燕王也是假的。我听说燕王是个好人，决不会来欺负老百姓。"燕王脸红了。有个兵丁见燕王下不了台，就上来圆场："还不快撕下对联，一会燕王就真生气了！"少年趁梯子下楼，把对联撕了下来。

燕王明知自己做错不在理。在回来的路上左思右想，老觉得不是滋味。一回到大营，一夜没睡好觉。天刚亮，士兵来报说：那个白胡子老头的全家都逃跑了。燕王更后悔，自觉办了亏心事。打那以后，燕王不喜欢童妃了。

后来燕王做了皇帝，在皇宫里立了个规矩，朝廷里的大事不许后宫的嫔妃插言。据说这条规定，就是在石榴园里吸取了教训才定的。

（邵明思）

"榴花仙子"的传说

"园中园"中矗立着一尊雕塑——榴花仙子。关于榴花仙子的"身世",还有一段感人的传说故事呢。

贾三近凭吊"桃花"想往事

故事大约发生在1575年中秋时节的一个傍晚。据说那时落日的余晖一抹天边的晚霞,把西方天际染得通红。蜿蜒起伏的"峄西"群峰,被一层朦胧的雾霭所笼罩。此时的榴林深处将军树下,青龙溪畔别有一番情调。但那堆长满萋萋荒草的小坟丘前,有一位相貌堂堂、神情凝重、双眉紧皱的中年男士,正蹲在那里,左手握着一张土黄色的字纸,右手捏着一支短细的树枝棒,在他刚刚拍打平的那片潮湿的土地上,专心致志地写着:

"绵绵榴林埋着桃花娇仙,吾孤旅此去京城数年,归故园兮难相见,唯有音容笑貌留心间。荒丘旁兮,肝痛断。忆两小青梅泪洒沾土欲湿。岁月悠悠,如今向谁诉这怨?"

那人写完,便慢慢地站起身,举目眺望着西下的夕阳之后,又围着那堆荒茔转了一圈,捧一捧黄土撒在坟头上。当这一切祭悼活动结束后,他拍打了下手上的泥土对着荒坟极有感情地说:"桃花呀,我是三近,来看你了!"那几分苍凉的声音,在这莽莽群山之间袅袅回荡。

桃花家住在尚楼村,也就是今天的榴园镇贾泉。昔日的尚楼村就坐落在"峄西"山脉之间,而今的万亩榴园"万福园"西部,是一个依山傍水的小山村。村北不远处,有一摩崖石刻,石刻东侧有万历年间贾三近写下的"石屋山泉"四个大字。那里每逢盛夏,山泉顿开,巨大的水势冲击波,使之瀑布狂涌,浪花飞溅。如雷般鸣响的山涧泉水,响彻在大山深处,又沿着一条渠道迂回到尚楼村供百姓饮用,给人一种无限神奇般的快乐

花仙采实（李夫燕摄影）

和惬意！

桃花女，祖姓鲁，出生年月不详。因长相出众，被人称之为桃花。她家庭贫寒，为了生计，大约在她十三岁那年被尚楼村"十二座插花楼"楼主看中，有幸选入了插花楼，成了陈家家奴的一员。插花楼是贾三近舅舅的豪华楼阁。陈家在当地方圆百里也算得上是很有势力的名门望族。自少年在峄县县城学堂读书的贾三近，每周学习结束后，他总要去舅舅家和姥姥促膝长谈。他的聪慧多智很受姥姥和舅舅的疼爱，亲情所使，贾三近自然也就成了十二座插花楼的常客。他虽然常入"尚楼"，但他能见到桃花的时候还不是太多。一天下午，贾三近刚从学堂归来入家的一瞬间看见了她，也就是这偶尔难得的相互一见，让三近心中产生了一种从未有过的激动与快乐，那感觉里似乎藏着一种莫名其妙的爱。桃花的一举一动，一言一笑都让他看在眼里，喜在心里。桃花也心领神会贾三近的心意，于是那爱慕之心，热烈的情怀，圣洁的灵感与幻觉，如心灵般震颤的琴弦，不停地缠绕着桃花的心间。那些日子，他只要一有空闲，就偷偷去找桃花，缠着她到榴林深处，群山之间，青龙溪畔，将军树下，看那花枝俏，蜂儿飞，蝶儿舞，鱼儿跃。二人依偎在绿草红叶丛中，津津乐道地谈论着未来美好人生愿景。

吴氏暗送密约表根由

隆庆二年，三近中了进士。在他即将离家赴京的一个晚上，月儿高悬着，两人悄悄地牵手在"石屋山泉"的小溪水边，相互而深情地望着。三近声音轻轻地说："桃花，你在我舅舅家好好干，耐心地等着我，等我当了大官后，我会来接你的……"三近说着顺手交给了桃花一张带字的黄色草纸，又说："所有要说的话都在上面了，我有个要求你需答应，得等我走后你再看这纸上写的什么好吗？"桃花望着三近，又看看手里的字纸，没有说出什么激动的话来，只是含情脉脉地把额头贴到了三近的肩上，透过皎洁明媚的月光看到的只是一种忧思牵挂的泪水在桃花脸上提前"上演"了。

光阴似箭，时间到了1575年秋，工作有些闲暇的贾三近，请假回到了尚楼村。他回来的第二天傍晚，一个年近40岁、名叫吴氏的女佣，匆匆走近了他，将一个小红布包小心地递给了他，便悄然离去。

贾三近急忙打开那张正反两面写着字的草纸，正面上那一行简单又熟悉的字是："待时机成熟，吾一定接你赴京！贾三近。"

三近又忙不迭地看了反面纸上的内容：也许我红颜薄命，接受不了你的厚爱。等你回来我可能就不在这个世界了！你走不久，我患上了一种奇怪的病，加上一种思念之苦，折磨得我支持不下去了。我把唯一的一点想法告诉了姥姥，让东家给我一块荒土坡，我死后找着我的家人把我葬在将军树下的青龙溪畔上，因为那里是过去咱俩常往返的地方。你回来后，想见我就去那里找吧。永别了！你曾称呼的桃花娇仙！

贾三近看了这张充满情和泪的字纸，好像当头迎来一顶重锤，击得他老大会没有喘过气来，等他缓过神来，静心思索着在尚楼村虽和这红颜知己相识较长，但真正相处的时候并不是很多，自己还没来得及沉下激动的心和她把心里话说完，一些情感没有表达，

丰收之路（刘伟摄影）

一些想要做的事还没有做，她怎么就和我永别了呢？三近想到这里，痛苦得泪流如注。他想放声大哭，想把思念桃花之苦全都哭出来，想用诗和词的语言写出来，以此来长诗，长词，长时当哭，虽不能放声大哭，但，在这特殊的环境里，他那无声的哭泣，却照样显得有几分凄楚而悲壮！

他抹一把脸上的泪水，夺路向着青龙溪畔桃花的墓地走去。

孙晋珠追其溯源榴花女

桃花仙女和贾三近的这段传奇爱情故事，虽不那么轰轰烈烈，但数百年后，一些生动而鲜活的情节依然在人们的记忆中没有褪色，没有完结。

当岁月轮回到公元1984年的暮春之时，原棠阴乡党委政府却迎来了峄城区开发万亩榴园的大好机遇。一个自东向西四十余华里山腰间的绿榴层林中，每天都有许多市区乡的领导、建筑工人、农民在那里做着区域景点规划，修筑着环山公路，巧取着一个又一个景点名称。

那天，当我们走进万亩榴园腹地"园中园"时，巧遇了原乡党委副书记、分管旅游开发的孙晋珠同志，他很激动地对我们说："这里是榴树最密集的地方，我们在这里打算设立一个特色景点，选一个历史人物做这个区域景点的形象大使，然后再给每个小景点分门别类。"说罢，他气喘吁吁地走上青龙溪畔一旁的荒草堆上，说："脚下这个荒茔古墓，至今还流传着一些美丽的传说。据说墓里的女主人是贾三近的红颜知己。桃花死后，为寄托哀思，三近很伤感地为她写下了一首悼文。今天，乡党委政府已作出决定，想借着这位大美女之仙气，把这沉睡的大山唤醒，让万亩榴园不再沉默。用她那美好的形象，来弥补这景点的不足，用她醉人的微笑去迎接四方宾客，这是件很有意思的事啊！"

1986年金秋，万亩榴园的开发已进入了高潮时期。晋珠同志用他那独特的艺术思维和大家一起，对各个景区景点的名称定位，都作了大胆而又合理的设想。特别是在对昔日的"桃花娇仙"的"转世"及改名为"榴花仙子"一事上，他数拟其稿，千呼万唤，最终获得了通过。于是，一尊面向观众微笑的高大汉白玉雕像，便降临人间，并落户于园中园的青龙溪畔。

之后，那个终日为榴园开发而忘我工作的晋珠同志终因劳累过度，心脏病发作，他便带着对峄城区旅游事业发展的无限眷恋，遗憾地告别了他生命中那个富有大爱的绿色舞台。

斯人已去。但他生前极力主张把昔日的"桃花"改成今天的"榴花"，把过去的"娇仙"变为新时代"仙子"。如此改名换姓，重新量体制作身世的做法，究竟意义又何在呢？透过万亩榴园今天巨大的发展与变化，逝者生前在榴园一些景点的命名上的良苦用心，也就不难寻找答案了！

（张继德　李富强）

开黑石榴花的石榴树

从前，青檀寺有个名叫法聪的小和尚，私自在寺院里养了只母鸡，这只母鸡每天下一个蛋。可是有一段时间，光听鸡咯嗒，不见鸡下蛋，法聪觉得奇怪，想弄清是怎么回事。这天，吃罢早饭，就藏在鸡窝旁边守候。一会儿母鸡来下蛋了，下完蛋就咯咯嗒嗒叫不停，母鸡的嗒嗒声引来了一条花斑蛇。花斑蛇爬进鸡窝，一口吞下鸡蛋，然后爬出来盘在一块石头上，使劲一煞身子，就把肚子里的鸡蛋挤碎了。花斑蛇心满意足地爬进了墙洞。

法聪喜欢动脑筋，就想出一个办法来对付花斑蛇。他刻了个跟鸡蛋一模一样的槐木疙瘩，用白蜡涂上光，然后放进鸡窝里。他把母鸡拴在一起，母鸡捞不着进窝下蛋，急得直叫唤。花斑蛇听到叫声又爬出墙洞，爬进鸡窝，一口吞下槐木疙瘩，然后爬出来盘在一块石头上，使劲一煞身子，不但没有挤碎槐木疙瘩，还差一点弄破了肚皮。花斑蛇疼得浑身抽筋，便缓缓地爬出了寺院。法聪偷偷地跟在后面，只见花斑蛇爬过一道小山岗，来到一棵开着黑花的石榴树下停住了。法聪早就知道这棵树最出奇，漫山遍野的石榴树，花都开得火红，唯独这棵开黑花，听说，这棵树有毒，牛和马吃了树叶，朝前走三步就断气啦，蜜蜂蝴蝶采了它的花粉，当时落地滚三滚，就死在树底下啦。这时，只见花斑蛇伸出舌头朝树皮上舔了舔。说也奇怪，只添了几下，肚子里的大鼓包缩小啦，过了一会儿再看，鼓包一点也没有了。花斑蛇欢腾得活像龙羔子，一眨巴眼就不见了。法聪是个聪明人，他想，既然能化掉槐木疙瘩，那么，人肚子里长病也能医治。他就用刀子剥下一块树皮带回了寺院。

当年秋天，法聪吃山芋吃多了，夜里又着了凉，生了胀鼓病，肚子撑得像个大鼓，痛得他抓天挠地。突然想起那棵开黑花的石榴树来了。当即割下指甲大的一块树皮，煎了碗药汤，一气喝下去。肚子里咕咕噜噜响了一阵，马上瘪成个空布袋，觉得比没得病以前还舒坦。打那以后，法聪就用黑花石榴的树皮给穷乡亲们治病。谁要心口疼、肚子痛、胸塞反胃、积食胀气，或者吃了不易消化的硬物，用黑花石榴皮一治就好。法聪给人看病，分文不要，再加上有求必应，药到病除，名气越来越大，夸赞的风声传遍了峄县。

峄县县官常年患心口疼病，听说法聪是位神医，就派人把法聪传到官宅。法聪只用手指大的一块树皮就给县官治好了病。县官很高兴，赏了一两银子，法聪没要。

过了一个月，县官又犯病了，就派人牵着马把法聪接进官宅。法聪还是用指甲大的一块树皮给他医病。县官叫他多加点树皮，法聪摇摇头没答应。治好了病，县官赏了二两银子法聪没要。

又过了一个年头，县官的病又犯了，又派人赶着马车把法聪请到官宅。法聪还是用指甲大的一块树皮给他治好了病。这回县官留住了他，摆下最丰盛的酒席招待他。法聪本来不会喝酒，可是架不住县官再三敬劝，三杯酒下肚，就认不准东西南北了。县官看火候已到，便绕着弯子追问药方的来历。法聪喝醉了，就说了实话。县官马上派人把黑花石榴刨来栽到官宅里，想专留着自己用。法聪醒酒以后，知道中了计，就跪在县官脚下哀求："好心的老爷，把树还给我吧。可怜可怜这一方的穷乡亲吧……"县官的脸"唰"一下变了，喝令身边的人说："叫他滚！"法聪被轰了出去。

不久，县官的病又犯了，就吩咐佣人说："那个小和尚，故意给我留病根，不舍得下药，这回呀，多加剂量，越多越好。"佣人剥下两块巴掌大的树皮。县官说："不行，再加两块！"佣人又剥下两块。一大碗浓浓的药汤煎好了。县官高兴地说："老爷我有福，天赐良药，这回叫他药到病除，永无后患。"谁料想，药一下肚就心头冒火，浑身直筛糠，嗷嗷鬼叫，两眼一瞪腿一伸，呜呼哀哉命归阴。不到半个时辰，连骨头带肉都化成了一摊血水，连个尸首也没有留下来。县官夫人大哭大叫，催着佣人把石榴树刨掉，劈成碎片扔进火坑烧了个一干二净。从此以后，再也没有开黑花的石榴树了。

（邵明思）

峄城重瓣红花（郝兆祥摄影）

雨润榴花娇（李剑摄影）

石榴茶的传说

　　相传在明朝嘉靖年间，峄县青檀寺里的长老法正，为人忠厚，深谙医道，附近庄上的穷人有个三灾两病的都来找他。他呢，随便给人家几味自采的草药，就能把病治好。

　　有一年春天，附近庄上又起瘟疫了，人得了这种病，饭不能吃，茶不能进，肚子还胀得像个鼓。法正什么法子都用上了，就是不见效。他急得得天天跪在佛前祷告，求菩萨保佑这一方百姓。

　　这一天，有两个背着褡裢、蹬着老铲鞋的外乡人来找法正，说是想采点儿茶。法正想，这里山上没有茶树，你们怎么能跑到这里采茶呢。但又不好意思说出口，就随口答道："你俩到山上去看着采吧，饿了就来庙里吃饭。"他俩没吭声，转身就上山了。

　　转眼三天过去了。这一天两个外乡人跟法正说："茶采够了，今天就回去了。这三天麻烦了长老和小师父。俺出门在外，没有什么送给您，就把俺采得的茶留下两包吧。"说罢，撂下两包茶就走了。法正取开茶包看，不认识是什么茶，就随手撂在窗台上。

　　可巧，过了几天小和尚也染上了瘟疫。这天法正又到附近庄上去了，小和尚口渴想喝点茶，没找到茶叶，忽地想起师父丢在窗台上的茶叶包，忙找来，抓了一把下到壶里。谁知那茶水倒进碗里却是酽酽的、稠稠的，老远就闻着喷香。小和尚一连喝了三壶，可了不得了，就像几把刀子在肚子里剐肠子，疼得躺在地上打滚。小和尚心想毁了，准是吃了毒药。刚想骂那个采茶的人，就觉得肚子咕噜咕噜一个劲地响，他连忙跑到茅厕里，连水带屎拉了一大摊。一会儿，就觉得有点饿了，肚子也不疼了。他连忙烧了面汤，竟喝下了两大碗。法正得知此事以后，非常欢喜，心想，这茶还能治这种病，俺得赶快把剩下的茶给老百姓送去。他把茶叶一小包一小包地包好，连夜就送到了几个病重的老百姓的手中。结果凡是喝了这种茶的，病都好了。消息一下子传开，附近庄上的老百姓呼啦啦地都跑来，求法正给包"神茶"治病。这下子法正可犯了难，因为茶都送出去了，只还剩下一小撮儿，这可怎么办呢？他手里拨拉着这一小撮茶，心里犯开了寻思：那两个外乡人采的是什么样的茶呢？这满山满峪，只有石榴树多，要是石榴叶能变成茶治病，这四乡的老百姓不都有救了吗？他心想着石榴叶，越看越觉得这茶像是石榴芽儿，越看越觉得这茶就是石榴芽，放到嘴里品品，也有石榴芽儿味。他连忙把嘴里的茶吐在掌心上，仔细一看，嘿，茶在嘴里泡开了，正是石榴芽！法正喜得一蹦多高，赶紧跑到庙门外，对老百姓呼喊："神茶，就是石榴芽，乡亲们赶紧采来治病吧！"老百姓一听那个喜呀，赶紧采了石榴茶回去治病。结果茶到病除，这石榴茶的名声就传远了。

后来，老百姓都说，那两个采茶的外乡人是菩萨变的，来点化法正长老，救这一方百姓的。直到现在，峄县的老百姓还好喝石榴叶茶。这石榴叶比不上石榴芽，可也能祛积食，赶火气儿。那咋不喝石榴芽茶呢？怕掰了芽儿耽误石榴树长呗。要不是老百姓爱惜石榴树，哪有现在的石榴园呢。

（张凤海）

采茶女儿（褚洪琪供图）

石榴皮染布的故事

"染坊里倒不出白布来"。这是人们挂在嘴边上的一句话。说嘛，都会说，要讲这句话的来历，恐怕知道的人不多。

据传说，在很早很早以前，峄县石榴园附近的和相庄，有个姓朱的小炉匠。原来只有夫妻俩，丈夫挑担串乡，妻子开荒种地，日子很苦。小炉匠四十岁上那年，妻子生了一个胖小子，为图吉利，取名叫发财。夫妻俩视为掌上明珠，又疼、又爱。

日子一天一天过去了，发财一年一年长大了，五六岁时就很懂事儿。他看爹忙，不让爹替他盛饭；他看娘忙，不让娘为他洗衣服。夫妻俩见儿子又聪明又勤快，更是喜爱。每逢丈夫挑担串乡，妻子上山开荒时，总是让小发财在家看门。有一天，爹娘又出门了，娘摘了两个熟透的石榴给他。发财吃过石榴，又准备去为自己洗衣服。这次洗的是件小白褂。用什么能把脏衣服洗干净呢？他记得娘洗衣服时，把皂荚砸碎，泡在水盆里，再把衣服放进去揉搓。于是他找啊，找啊，总找不到娘洗衣服用的皂荚。正着急的时候，他看到了自己刚扔在地上的石榴皮。心想，没有皂荚，我就用石榴皮洗吧。他学着娘砸皂荚的样子，把石榴皮砸烂，泡进水盆里，再把小白褂放进去揉搓。谁知越洗越不白，褂子竟变成黄黄的颜色了。爹娘回来后，不光没怪，还挺喜欢呢！黄褂子比白褂子好看多了。

打那以后，朱家知道石榴皮可以染衣服。第二年，在家里开了个染店。买进一匹一匹白布，用石榴皮染成黄颜色，然后再卖出去。从此，妻子天天去拣收石榴皮，丈夫天天在家用大缸染布，发财天天给爹爹帮忙。一家人忙忙碌碌地劳动着。常言说：人勤财源盛。染店又是独门生意，怎能不挣钱。

朱家的钱挣多了，日子过富了，发财也长到八九岁了。可是，树大了容易招风，人富了容易遭贼。一天夜里，朱家染店的几十匹白布，被贼人偷走了。妻子心疼地埋怨丈

石榴红了（唐堂供图）

石榴老人（陈允沛摄影）

峄城单瓣粉红（郝兆祥摄影）

夫，丈夫心疼地埋怨妻子。发财说："爹，娘，您别难过，这布还能找回来。"爹娘不信。发财又说；"咱的那些布，我都染上了黄色记号。贼偷了这么多布，准得到集上去卖。明天到集上去，一定能抓住偷布的贼。"第二天，爹爹带着发财去赶集了。爷俩来到集上，这个布摊子看看，那个布摊子瞅瞅。当看到东庄李二狗的布摊子时，一匹匹白布，都有黄色记号。发财爷儿俩，急火火报给峄县衙门，县太爷把李二狗传去，过堂审问。有证有据，李二狗不敢要赖，老老实实地供出了偷布经过。县太爷传令，将李二狗押在南监，听候发落。所偷朱家的白布，全部退给朱家。朱家父子，高高兴兴地把白布搬回家了。

从此，当地就把"在朱家染店盗不走白布"的故事传开了。后来，人们遇到难办成的事，或说到不容易讨还的东西时，就用"染店盗不走白布"的话来做比喻。现在人们常说的"染坊里倒不出白布来"，就是从这个故事演变来的。

（继乾　海贞）

榴姑智斗歪秀才

古时候，在峄县城西不远的一个山村里，有个叫榴姑的姑娘。榴姑长得出众，脸蛋像石榴花一样好看，眼睛像石榴籽一样水灵。榴姑心灵手巧，她纺的线比别人的匀，她织的布比别人的细，她绣的花一朵朵跟真的一模一样。

十八岁，榴姑出嫁，嫁给了一个老实的像石头一样的小伙子，这小伙子名叫石娃。别看石娃老实巴交的，一天说不了三句话，一句话冒不出三个字来。可心眼诚实，又勤劳能干，地里的土坷垃比别人敲得碎，两季的庄稼比别人收得多，连砍柴的砍刀也磨得比别人的光亮。

榴姑理家，家里拾掇得利利索索的；石娃种地，地里摆弄得细细发发的。加上石娃一早一晚上山砍柴，逢集去卖，虽说地少土薄，米贵税多，可小两口的日子还是过得暖暖和和的。

峄县城西关有个秀才，屎壳郎夹着半刀火纸，净充那识文弄墨的。他眼珠子斜儿八叽地，走起路来歪三扭四的，就连诌出来的打油诗也没个正形，所以，人们都叫他歪秀才。

歪秀才早就听人说榴姑长得俊，手生得巧，方圆几十里地都知道。可他几次托人去说媒，都让榴姑给顶了回来。后来，榴姑嫁给了石娃，歪秀才还是个多年的核桃心不死。白天想几回，夜里梦几回，越想越梦越是吃醋。他知道了石娃每次逢集都要来峄县城里卖柴禾，就想出了一溜歪歪点子。

这天，石娃赶着小毛驴进城来卖柴，歪秀才一大早就等在西城门口，截住了石娃，买下了他的柴，又借走了他的毛驴。石娃问他的住处，他挤挤眼皮笑了笑，随口诌出几句歪诗：

门前一棵槐，

秀木长成材。

东风托媒去，

西风嫁人来。

石娃回到家中，榴姑问他："你的毛驴呢？"石娃答："让人借去了。"榴姑又问："借给谁了？"石娃就把歪秀才诌的歪诗向榴姑学了一遍。榴姑听了，皱皱眉心，咬咬嘴唇，想出几句话来，教给石娃记牢。

第二天，石娃到歪秀才家来要毛驴，歪秀才问："你家媳妇捎话来了吗？"石娃答："捎来了。"歪秀才又问："捎来的什么话？"石娃记起榴姑教的话来，就背给歪秀才听：

槐树一身歪歪杈，

不落喜鹊落老鸹。

锯了做门门不正，

砍了当梁屋就塌。

石娃背完，牵着毛驴就走了。歪秀才吃了一肚子气，窝了一肚子火，哭丧哭丧脸，一句话也没能说出来。心想，这个榴姑真不凡，嘲弄到我秀才头上来了，好哇！有本事咱们下回逢大集上见。

下一回逢集，石娃又来卖柴。歪秀才一大早就等在西城门口，截住了石娃，买下了他的柴，却不付钱。石娃问他要钱，他抽抽鼻子哼了哼，又随口诌出几句歪诗来：

槐树上下都是钱，

开花落叶都成串。

有福之人树下坐，

无福之人靠边站。

石娃回到家中，榴姑问他："卖柴的钱呢？"石娃答："没给。"榴姑又问："怎么没给钱呢？"石娃就把歪秀才诌的歪诗向榴姑学了一遍。榴姑皱皱眉心，咬咬嘴唇，想出几句话来，教石娃记牢。

第二天，石娃来找歪秀才要钱，歪秀才问："你家媳妇又捎话来了吗？"石娃答："捎来了。"歪秀才又问："捎来的什么话？"石娃记起榴姑教的话，就背给歪秀才听：

歪脖槐树长不高，

烂了根来秃了梢。

没钱买柴别竖着，

砍倒槐树当柴烧。

石娃背完，讨了钱就走了。歪秀才又吃了一肚子气，又窝了一肚子火，呱唧呱唧歪嘴，一句话也没能说出来。心想，这个榴姑真厉害，软不吃硬不吃。好哇！有本事咱们下回逢集上见。

下一回逢集，石娃又来卖柴。歪秀才一大早就等在西城门口，截住了石娃，买下了他的柴，又送给石娃一副马鞍子架在毛驴上。晃晃脑袋咂咂嘴，又随口诌出几句歪诗来：

> 好马不配两副鞍，
>
> 瘦驴不撑三下鞭。
>
> 槐树不开石榴花，
>
> 只因石榴生得酸。

石娃回到家中，榴姑问他："这回歪秀才给柴钱了吗？"石娃答："给了"。榴姑又问："怎么多了一副鞍子？"石娃就把歪秀才诌的歪诗向榴姑学了一遍。榴姑皱皱眉心，咬咬嘴唇，又想出几句话来，教给石娃记牢。

第二天，石娃来找歪秀才送鞍子，歪秀才问他："你家媳妇这回又捎话来了吗？"石娃答："捎来了。"歪秀才又问："捎来的什么话？"石娃记起榴姑教的话，就背给歪秀才听：

> 你的鞍子还给你，
>
> 给你老娘做彩礼。
>
> 彩礼不够有槐树，
>
> 打口棺材好盛米。

石娃背完，扔下鞍子就走了。这一回可把歪秀才气死了，翻白翻白眼珠子，一句话也没能说出来。从此，他再也不敢买石娃的柴了，再也不敢诌歪诗了。城里的人们知道了这件事后，一个个笑得捧着肚子弯着腰，拍着巴掌跺着脚。大人见了歪秀才就刮脸皮，小孩子见了歪秀才就吐唾沫，臊得歪秀才白天连家门也不敢出了。不知是谁还给歪秀才编了个顺口溜：

> 念书念到粪坑里，
>
> 走路走到阴沟里，
>
> 眼睛长到耳后里，
>
> 都是心歪落下的。

（李建国）

"天宫榴韵"第九届中国盆景展览会金奖（张忠涛创作）

施女河的美丽传说

禹城市实验中学南边有一条东西走向的河流——施女河。据老人们说，施女河的名字源于一个凄美的爱情故事。

施女河原名十里河，据旧《禹城县志》载："城西南十里屯（今石屯街）前有河名十里河，源于禹城故城之大城子坡北，系古漯川之故渎。"后来，十里河边的沿岸人家，多在门前种植石榴树。每年五月，火红的石榴花如火焰般绽放，十里河也渐渐被称为石榴河。

相传石榴河边住着一户施姓人家。施家有一女子，年方十六，亭亭玉立，貌美如花，蕙质兰心，引得四方才俊倾慕不已，一时间媒婆踩破了门槛，可施家女子皆不应。

这年五月，石榴花开得正艳，施姓女子坐在门前绣花。此时，西南方官道上来了一清俊男子，只见他负箧曳屣，分明是一副进京赶考的书生模样。

虽是五月，那书生走得却很辛苦。进的前来，书生想讨碗水喝。当他看到施女的那一刻，目光凝滞了，傻傻地竟忘了自己口渴。

施女看他满颊的汗水，羞赧地问："相公，莫非口渴？"

男子恍然醒悟，羞红了脸，挠着头答道："小生乃赶考之人，想讨碗水喝。"

施女急忙回到家中，舀得半碗凉水，羞涩地递与书生。书生端着水碗，并不急于饮水，而是慢悠悠地问了一句："小姐，可曾婚配？"

施女沉思片刻，轻轻答道："否。"

"小生今日想送小姐折扇一把，不知小姐可否愿意？"那书生愣愣地看着施女，继续说道："来日取扇之时，必当春风得意。"

施女低下了头，沉思良久，尔后轻轻地说道："奴家记住了。"

书生的眼睛里闪着喜悦："此去经年，不知何时才能相见。"

施女悠悠地说："今日无以相赠，唯有奴家这幅绣有石榴花的手帕。"

赶考的书生走了，火红的石榴花开了一年又一年，施女在石榴河边痴情地等了一年又一年。她常常拿着那把折扇，凝视扇面上的墨竹，痴痴地笑，喃喃细语。

这年秋八月，正是石榴破口大笑、露出晶莹皓齿的时候。禹城连降暴雨，石榴河水暴涨。施女坐在门前，手持那把折扇，看沿河石榴绯红的脸，看石榴河水滚滚东去。

不远处，一个小男孩正爬上河沿那棵高大的石榴树，欲摘取枝头那颗最大最红的石榴。突然，那孩子从树上跌落下来，滚进石榴河中。施女见状，疾呼一声"救人"，扔掉扇子，慌忙向前，结果也滑落水中。滚滚的石榴河水打着漩儿，一会儿，两人都没了踪影。

第二年五月，一队骑兵自北方而来，为首的是一员清俊武将，银盔银甲素罗袍，胯下一匹白色战马。他们一行人来到石榴河边，打听施女的下落。听得施女溺亡的消息后，清俊武将顿时泪流满面。

清俊武将看着沿河火红的石榴花，默默地从怀里掏出了一幅手帕，那手帕绣着火红的石榴花。他呆呆地看着，晶莹的泪珠滚落在手帕上火红的石榴花上，石榴花愈加红艳。他默默地收起手帕，塞进怀里。随后，他摘了几朵石榴花，将掰碎的花瓣洒进了石榴河，默默地看花瓣随水漂流。突然，他仰天长啸，迅疾抽出腰中的宝剑，狠狠地掷入石榴河中，水花飞溅，河水哽咽。

原来，这书生当年考场落榜后，适值国内战乱，索性弃文从武，投笔从戎。后浴血疆场，屡立战功，戎马倥偬几年，成了将军。忽一日，想起当年石榴河边的誓言，便辞别主帅，来接施女。

后来，人们为了感念施女对爱情的忠贞和那无畏的义举，便将沿河的石榴树挪进庭院，石榴河也渐渐被人们称为施女河。

（张剑迟）

青檀山水竞风流（褚涛摄影）

李道长拾"笨子"

　　涂山禹王宫庙史和《怀远览胜》中有这样的记载："唐天授三年，禹王宫道长李慎羽由京城长安引进石榴，植于（涂山）象岭。"

　　提起李道长引进石榴，还有一段故事。相传，李慎羽自幼出家入庙，不仅崇尚老庄的道教，懂得草药针灸治病医术，还喜爱植树种草，绿化山场。他担任禹王宫道长期间，正值女皇武则天执政。这武则天本是唐太宗李世民封的"才人"，与太宗的儿子李治年龄不相上下。李治当太子的时候，她就与太子眉来眼去，暗送秋波。太宗死后，李治做了皇帝。这李治贪图美色，登基不到两年，就急不可待地把当尼姑的武则天从庙中弄了出来，先封为昭仪，后又改封为皇后。李治死后，心狠手毒的武则天把她与李治生的小皇帝也给废了，自己当了女皇帝。这武则天掌了大权，那还了得，她不仅对朝中的政敌大开杀戒，连李姓的皇族们喜爱的牡丹花也不放过。花中之王牡丹接连受贬，被连根拔起，赶出皇家林苑。而京城里并不起眼的石榴花，却青云直上，备受青睐。

　　原来，冰冻三尺非一日之寒。当年，武则天落魄时，耐不住冷清寂寞，曾写有："风吹罗裙带，日照石榴裙"的自慰诗。唐太宗死后，她被迫出家，在感业寺尼姑庵黄卷青灯，度日如年。为博得当朝皇帝唐高宗李治的同情，逃离佛门，她含泪提笔写下了思念李治的石榴诗《如意娘》。正是这首泪洒石榴裙的诗，感动了李治，成就了她的女皇梦。从此，武则天对花中石榴念念不忘，宠爱有加。皇上的话就是金口玉言，武则天吹捧石榴，那还了得，文臣武将，达官贵人无不步入后尘。朝廷内外，栽石榴，赏石榴，食石榴，赞美石榴成为时尚。涂山的李慎羽道长虽说不附庸风雅，但也喜爱种植石榴。可不是吗？这禹王宫院里院外就栽有好几十棵石榴树。不过，这些石榴结出的果子口味都平平常常。从哪里寻得良种石榴呢？李道长想来想去，想到了京城。这年，道长云游长安，

吴昌硕（1844—1927）《石榴》　　　清 邹一桂《榴花湖石图》

无意中发现了一种石榴。这种石榴不光果个大，籽粒大，味道也比较好。只是这园主人姓周，是朝中的重臣，家财万贯，他家树上的果子，别说摘一个，就是拿金块子换他也不卖。李道长也是有心计的人，他看好的东西，不吃不喝饿肚皮也要想法子弄到手。园子附近的人提醒他说："老道士，想买周大人家的石榴，除非太阳从西边出！"这咋办呢？李道长辗转反侧，夜不能眠，终得一计。他想这石榴熟了总会有人吃，人要吃了吐籽儿，只要拾到这石榴籽儿，那还不等于有了这良种石榴。

第二天，李道长扮作算命先生，在周家石榴园旁的路口摆了个算卦摊，一来打发日子，二来看看有没有人来吃石榴。一日，二日，三日，十日，半个月过去了，真是功夫不负有心人。一天，只见石榴园车辚辚，马萧萧，路旁新搭的凉棚里聚集着几十位衣裳鲜亮的贵客。这些人，围坐在一起，观歌舞，品石榴，赏园景，不大一会儿，地上就落满了石榴皮，石榴籽儿。贵客们吃好玩好说说笑笑一走，机会就来了。李道长见四下无人，急忙赶了过去，捡拾起地上的石榴籽来。他把捡拾的石榴籽晒干收好，装入布袋，便一路风尘地赶回淮河岸边的怀远涂山禹王宫。

来年开春，李道长带着徒弟们在涂山象岭的山坡上挑选了一片山地，深挖细耙，施足底肥，浇透泉水，撒上了石榴种。这石榴种也真神呢，它沐浴阳光雨露，清明过后便破土而出，噌噌地往上长，不几年工夫，就长成大树。从此，怀远又多了一个石榴品种。这个品种经过当地榴农一千多年的杂交选育，终于培育出了果个比原来还大的石榴。据说，这种石榴就是怀远的石榴良种大笨子和二笨子。

（李焕俭）

歪打正着

　　从前，怀远东山下有一石姓农户，他在家门兄弟中排行老六，村坊邻居都叫他石六子。六子的妻子姓赵，儿子叫拴柱。人们记不住六子妻子的大名，都喊她拴柱娘。这拴柱长得聪明又可爱，八九岁就能帮大人放牛割草，看护石榴园子。六子家的屋后有一棵皂角树。那时，还没听说有肥皂什么的，拴柱娘洗衣服，只要把树上的皂角摘下几个，放在温水中泡泡，用皂角液就可以洗去衣服上的泥污。六子和拴柱娘两口子过惯了穷日子，全家人身上穿的、床上铺的盖的，都是拴柱娘用纺车子扯着棉穗子摇儿摇儿纺线织的。她那手工织布机织的老粗布都是本色，能不染都不染。这年秋天，拴柱娘给拴柱缝了一件白粗布的褂子，拴柱穿上新褂子，在石榴园中又是蹦又是跳，别提有多高兴啦。可是乐极生悲，一不小心跌进小水坑里，腿跌出了血，拴柱没在意。娘辛辛苦苦缝的那件刚穿两天的新褂子，沾满了污泥油水，可愁死他了。拴柱怕娘吵他，回到家里，偷偷地弄了一盆水洗起褂子来。清水洗那褂子上的黑污泥哪能洗净呢？拴柱取不下来。这时，拴柱转眼看到家门口堆着一堆石榴皮。拴柱想，皂角皮涩能洗脏衣服，这石榴皮同样涩难道不能洗衣服吗？拿不到皂角我就用石榴皮。说干就干，他把石榴皮放在温水中泡出汁，蘸着汁液洗起白褂子来。洗着洗着，那褂子竟变成绿黄色了。拴柱见惹了祸，哇的一声哭了。石六子和拴柱他娘回家，见栓柱手里的褂子大吃一惊，这新新的白褂子怎么变了色呢。听拴柱哭着说完，石六子对儿子的话半信半疑，于是就将石榴皮煮成水拿块白布试验起来。没想到歪打正着石榴皮果真能染布。这染过的布不仅颜色好看，还不掉色，这下子石六子和拴柱娘可乐坏啦。晚上，两口子絮絮叨叨，盘算着如何用这石榴皮开个染坊店，兴奋得一夜都没感到困。经过几天张罗，石六子的染坊店便在东山脚下开张了。六子家染布的颜料是石榴皮，石榴园里到处都有，又不用花钱买，那染布的成本自然低很多。凡是送布请他染，钱给多少他都染。物美价廉，诚信经商，这生意越做越大，钱越赚越多。有了本钱，六子两口子就把染坊搬到城里，打起了石记染坊的招牌，没过几年就发了家，成了怀远县城染布行的石老板。说起这开染坊的原因，石六子笑了，风趣地说："嗨，这个哇，多亏拴柱石榴皮洗白褂子——歪打正着哩！"

（李焕俭）

古城榴花（王家福供图）

明 矾红石榴花砂底撇口盘

峄城单瓣玛瑙（郝兆祥摄影）

子孙树

相传，古时候县西德龙亢，有一片奇特的玛瑙石榴。这里的石榴棵棵高二丈有余，粗五六尺。树身上疙疙瘩瘩，就像老忙牛背上的肉瘤子。别看这些树又老又丑，果子却皮红光亮，粒大汁多，甜赛蜜糖。人们都说这是皇帝老师留下的子孙石榴。

皇帝老师姓桓名荣，是春秋战国齐桓公的后人。风水轮流转，贫富无定期。强秦灭齐，祖上逃难，流落龙亢。到了桓荣祖父，已家道中落，一贫如洗。寒门出圣贤，桓家虽穷，桓荣却少有大志。十多岁便背着书箱离家出走，"起旱"（土语：步行）千里来到长安，边给人当家奴边读经书。十五年青灯黄卷，最终功名盖世，成为一代经学大师。刘秀赶走王莽，光复汉室，桓荣被召入皇宫，聘为太子老师。太子就是刘秀的儿子刘庄。刘庄的书房在皇宫后花园中。虽说奇花异草，争芳斗艳，但让人眼睛一亮的还是西域贡来的几株玛瑙石榴。那树夏花红似火，秋果压弯枝，人见人爱。那时候，朝廷有个规矩，民间禁止栽种石榴。偷栽一旦查实，是要杀头的。这么一来，除了皇帝、皇后和皇儿、皇孙可以享用这象征多子多福多寿的仙果外，其余人活到老死，谁也不知道石榴是个啥味道。桓荣是刘秀的宠臣，被封为议郎，又呕心沥血教授太子，劳苦功高，刘秀有心赏赐几个石榴给他尝尝，思来想去，最后还是打消了这个念头。

光阴如水，转眼十几个年头过去了，当年稚嫩的刘庄也由光腚小儿长成为英俊少年，登上了帝王的宝座。人常说："三岁看大，七岁知老"，这话一点也不假。刘庄贵为九五之尊，可不同于一般的皇帝。他不光满腹经纶，善于安邦治国，还尊师重教。当年在宫中读书，每每请桓荣讲解经文，开口必言："老师在上……"那时席位右边为尊，刘庄总是让桓荣的座位居西面东，留下了尊称老师为"西席"的佳话。如今当上了天子，一如既往尊敬师长，友好亲朋。那年中秋八月，忽然听说老师桓荣脾胃不好，不思饮食，马

西藏野生石榴古树（曹尚银摄影）

春（张海平摄影）

上安排御医调治。还设法破除臣子不能享用石榴的禁规，让御医假说桓荣若能吃上石榴，病情即可好转。御医依表上奏，刘庄当中传旨，从树上摘下六个又大又红的石榴，御驾桓府，看望老师。桓荣先前经御医调治，病已好了大半，如今听说皇上驾到，喜出望外，百病消除，急忙下床跪迎圣驾。“臣一点小病，惊动皇上，罪该万死。”“这是何话，老师快起！”刘庄扶起桓荣，嘘寒问暖。又亲手掰开石榴，送给老师。皇帝给大臣送石榴，古未有之；给大臣掰石榴，从未听说。桓荣接过石榴，两眼发瞢，两腿僵直，捧着石榴却不敢吃一粒。刘庄见了连忙劝说：“此果开胃化食，延年益寿，老师尝尝何妨。”皇上再次安抚，桓荣受宠若惊，泪水在眼窝里直打转转，“扑通”跪下，说：“臣年老糊涂，心中有话，不知当讲不当讲。”刘庄：“恩师昔日待我情同父子，今日有话，直说无妨。”桓荣一字一顿：“石榴乃皇家御果，吉祥之物，臣岂能享用。臣子有一个心愿，若恩准将此果种子带回故里，播撒栽种，让臣子孙后代永远铭记皇上的大恩大德，臣死亦足也……”

刘庄坐朝以来，也有顺应民心，废除民间不得栽种石榴禁规的想法。如今听老师这么一说，感到言之有理，当即颁下一道圣旨，允许桓荣把御赐的石榴作种带回老家播种，以彰显朝廷对为刘家江山社稷作出特殊贡献的老师桓荣的褒奖。从此以后，这桓荣老家龙亢便有了珍贵的玛瑙石榴。龙亢与怀远两地一条涡河相连，上下不过七八十里地，玛瑙石榴很快又由龙亢传到了怀远。又过了几个朝代，桓荣的第十一世孙东晋的桓玄，篡晋为楚，自立为帝，兵败招至诛九族，桓荣费尽心机在龙亢种下的那些子孙石榴也惨遭不幸，被官兵逐棵连根刨起，付之一炬。唯有传栽到怀远的玛瑙石榴躲过一劫，越栽越多，越长越旺。

（李焕俭）

凤台石榴传说

安徽省凤台石榴栽培历史800多年。凤台县李冲回族乡地处淮河以南丘陵区，地形以海拔200米以下的低山残丘为主，石灰岩中性土壤厚达1米以上，特别适合石榴生长。凤台石榴汁多味浓、入口香甜。

凤台石榴源于何时，据说还有一段美丽的传说：明朝初年，朱元璋定都南京，其皇后爱吃石榴。当时，凤台南山一带已盛产石榴，金家祖宗金小庄便肩担箩筐数百里进宫贡送石榴，皇后品尝凤台石榴后，凤颜大喜，言不由己地说："我的儿，这石榴咋这么好吃？"聪明灵气的金小庄连忙下跪谢恩，皇后马上觉察失言，但金口玉言哪能轻改，便认金小庄为干儿子，时有"皇儿干天下"之称，铜铁不近身，遇水火不死。凤台石榴也因主人地位提高而身价倍增，成为享誉一时的宫廷佳品。

凤台石榴在数百年间都属山地野生，品种基本上没有得到更新，不过在当时农业科技尚不发达，没有人工繁育新品的背景下，这种土产粉皮石榴也还是很有市场的。

潘天寿（1897—1971）《石榴》

东海孝妇

出自连云港市属地区的东海孝妇事迹，史载于《汉书》《王子年拾遗记》《太平寰宇记》《海州隆庆志》等典籍。元代剧作家关汉卿根据东海孝妇的记载，创作出不朽名剧《窦娥冤》。

连云港市朝阳镇北侧山头现存"汉东海孝妇祠"，俗称娘娘庙，又叫窦娥庙，据考证始建于宋代，北宋诗人苏东坡、文学家石曼卿专程到此凭吊。每年农历三月三，民间在此举行庙会，敬祀孝妇。

汉代有个女子周青，娘家在东海郡石榴树，婆家在巨平村，即今连云港市朝阳镇（旧名新县）。后人在新县村北修孝妇祠和衣冠冢。汉时，东海郡治在郯城，郯城城东孝妇冢，则是孝妇蒙冤被斩后当地百姓为其筑起的大冢，两千多年来受到世人敬重。明朝张世则曾题诗凭吊：

> 郭外孤岭孝妇丘，萋萋宿莽几经秋。
>
> 芳标不逐年华换，往迹犹随史牒留。
>
> 曾动高天干旱魃，空令良吏识烦忧。
>
> 汉家对簿真何事，岂独韩杨赵盖愁。

这首诗赞美了孝妇的美德，抨击了汉代官场的腐朽黑暗，感叹的岂止是这一个民间弱女子，连在朝做大官的韩延寿、杨恽、赵广汉、盖宽饶不也一样被汉宣帝冤杀了吗！

讲故事的说，汉武帝时张骞出使西域有功，被封为博望侯，在东海郡博望这地方栽下了从西域带来的花卉瓜果，栽了好多石榴树，就留下了"石榴树"这么个地名。

当时，"石榴树"附近有一家姓周的，生个女孩，叫周青。周家贫穷，母亲早早去世，父亲识俩字，做不了事，也种不了田，无奈将女儿送给百里之遥的巨平村老亲戚家做童养媳妇。结婚没几年，周青的丈夫服徭役受伤亡故，不久一个独子又得病死了。好端端的一家人，就剩下了一个年迈的婆婆，一个未成年的小姑子和周青自己，寡妇娘们怎么过呢？周青白天上山打柴，晚上纺线织布，将就过着清贫的日子。

周青为人忠厚善良，有一点好吃的先敬婆婆，后敬小姑，自己空着肚子；有一点好穿的也先敬婆婆，后敬小姑，自己穿着破的，过一天了一日的毫无怨言。婆婆看了不过意，就劝媳妇说："孩呀，你年纪轻轻的，这么死守活熬，哪天才是个头呢？我看你不如寻个妥当的人家嫁出去吧！"周青感叹自己生的黄连命，嫁到蜜州也不会甜，更不愿婆婆和小姑受罪。

婆婆生病了，周青日夜守在床边，煎汤熬药，端尿端屎，婆婆疼得哼一声，她也哼一声，就跟病在自己身上似的。婆婆吃不下饭，她说："妈呀，你想吃什么呢？"婆婆说："什么也不想吃，就想吃那红枣子。"这时正是寒冬腊月时节，家里没有红枣子，上街又没买到，她急得一夜睡不安稳。

第二天大清早，周青与小姑子两人到山涧沟抬水，在往回走的路上，看见一个又红又圆的大红枣子掉在一泡狗屎上。周青心想，婆婆不是要枣子吃嘛？就拾起来了，先擦擦，觉得不素净，又放在水里来回洗，洗过就放在自己嘴里含着。回到家里，她打嘴里掏出红枣子给婆婆。临吃前，她又偷偷地放进自己嘴里咂咂。那枣子虽说是在狗屎上拾的，经她这么擦啊，洗啊，咂啊，那狗屎味早没了。婆婆一吃，病情好了不少，精神也来了不少，心里感激媳妇的一片孝心。

下晚，婆婆又想吃青菜。那个寒冬时候哪里来新鲜蔬菜呢？周青没办法，赶快下山，寻遍山坡涧沟，在向阳崖坡里铲了一把婆婆蒿的嫩芽芽，自己觉得婆婆吃婆婆蒿也正合适。跑到山涧沟边，揪揪，剔剔，洗洗，弄得干干净净拿回家，炒炒，家里正好还有半小钵香油，油多不坏菜，多放了一些。婆婆高高兴兴地全吃了。谁知过了一会儿，婆婆突然嫌心里不好受，转眼之间头也歪了。周青急得直转也没法子。小姑子呢，心眼不好，是个多嘴精，告诉妈妈说："嫂子早就不安好心了，说不定这是从山上采来的毒草反药，害你哩。"婆婆不信，小姑子又说："早上你吃的那个大红枣子，还是她从狗屎上拾来的呢，谝什么好心啊！"婆婆还是不信。时间不长，老婆婆慢慢地耷拉了头。如今民间小孩还有唱"婆婆蒿，犯香油，老婆婆吃了耷拉头"的民谣。灵不灵呢，不懂。总之，不管什么原因，老婆婆倒是真死了。

小姑子慌忙跑到县衙告状，说："嫂嫂毒死了我妈妈。"县里下令捉来周青。周青申辩未杀婆母，自诉是小姑诬告。案子报到了东海郡。当时郡衙接管案子的是于公。于公是汉宣帝时丞相于定国的父亲。于公的老家就在云台山下的于公瞳。于公精通法律，治狱勤谨，接手周青谋害婆母一案，就明询暗访，察知为一桩大冤案。于公百般为周青表白，说："这个妇人赡养婆婆十多年，以孝闻名乡里，四邻没有闲言，请求给一生路。"太守愚昧，不听于公再三直谏，不作详查细询，糊里糊涂就将周青定了死刑。于公没有

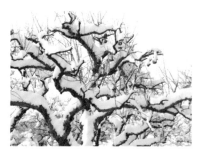

傲雪（周辉摄影）　　　　　　傲雪（徐福淮摄影）

办法，怀抱案卷，在衙门里嚎啕大哭，辞职匆匆走了。

太守断定于六月初三将周青斩首。临受刑前，周青大呼冤枉，将平时喜欢的石榴枝插在地上，又要求竖起十丈竹竿，悬挂五丈白绫，当众立誓："我周青若有不孝大罪，情愿一死，鲜血当往下流，石榴枝即枯；周青若蒙冤而死，我求苍天有眼，应我三件事：鲜血往上喷满白绫；石榴枝开花，树大成围；六月飞雪覆盖我尸。"说罢伸脖子就刑。行刑过后，果然如周青所言，鲜血直往上喷涌，将高悬的白绫染成红色。本来是热烘烘的六月天，顿时乌云四起，寒风呼啸，满天飘起鹅毛大雪来。满城人号啕大哭，哭声数里，惊天动地。成千上万的老百姓涌出城郭，手捧泥土，立时为周青堆起了数亩方圆数丈高大的墓冢。再看石榴枝果然成活开花，过后长成了大树。周青的娘家人听说石榴树有灵，纷纷栽植，周围石榴树多了起来，以致石榴树成了村名，镇名。

时过多年，东海郡换了位新太守。这位太守拜访于公时，于公献出周青全部案卷，告诉他说："孝妇不当死，前太守强断，周青临刑之言都应验了。"新太守详细审阅案卷，又到民间访问查证，兜底弄明了案情，当即为周青平冤，还宰杀了三牲，亲自到周青家上祭祀，旌表孝妇的德行。

元朝戏剧家王实甫、梁进之、王仲之三家，先后将孝妇事迹编成《于公高门》。大戏剧家关汉卿以周青为原型，写成了名垂青史的《感天动地窦娥冤》。

后来，云台山新县和郯城都建有孝妇祠。新县孝妇祠后有窦娥坟和千年古榕树。清道光十九年，淮北盐运史司海州分司运判童濂倡捐重建。新县孝妇祠西山头荒坟临近大路，有一石碑，上书"汉东海孝妇之墓"。进祠门，正殿开阔三间，正中木龛内端坐凤冠霞帔、慧眼微开的孝妇塑像，精彩庄严。两旁楹联是："梓里奉馨香，合万家诚意，感通自见雨晦应候；海隅资保护，历千载神功，普遍方知慈孝同心。"梁柱上悬挂历朝官员题献的匾额。塑像前分布钟、磬、皮鼓、木鱼、香炉以及祭器，井然有序，庄严肃穆。正殿西间为孝妇寝堂，专祀孝妇的婆婆。每年农历三月初三庙会，前来求愿了愿敬香的人络绎不绝，香火不断。清朝道光年间，两江总督陶澍来娘娘庙求子，后又来还愿，特为东海孝妇重塑金身。

（苗运琴　张义壮　朱守和）

国花台的石榴

颐和园排云殿东边，有一个国花台，是专门培植牡丹的大花坛。每到花开时节，那一丛丛鲜丽耀眼的富贵之花，真是逗人喜爱。慈禧太后住颐和园那阵子，这国花台除去牡丹以外，还栽了些芍药和君子兰；花坛两边，种了几棵石榴，其中有一棵上百年的老石榴树，是西太后最喜爱的。石榴花开的时候，她都要前去观赏，中秋节那天晚上，她要拣一个最大的石榴，亲口尝一尝。为了保护好这棵百年石榴树，西太后派了三名太监，专门住在这里看守，人称石榴太监。她还吩咐，在国花台旁边盖了九间小房，让石榴太监长住，所以国花台也叫"九间房"。

有一年，百年石榴树结了一个特大的红石榴，龇着牙，咧着嘴，非常好看。西太后看到以后，也高兴得咧嘴笑了。李莲英对她说："石榴笑，吉利到。老佛爷又要有喜事临门啦！"西太后说："要石榴太监好生给我看管，八月十五我就要吃这一个。"

三个太监一刻也不敢离开九间房，轮流守着这棵石榴树。一天，二太监崔玉贵来到九间房，也看中了这个特大的红石榴，嘴一犯馋，摘下来就给吃掉了。值班的那个石榴太监，见闯了大祸，又惹不起崔玉贵，就急得上吊了。

眼看就快到中秋节了，那两位石榴太监都要愁死啦！怎么办呢？只好求李莲英帮助周旋，他们用红纸封了五十两银子，送给大总管，如实讲了丢石榴的事。李莲英手托着那个"红包"说："这事好办，就包在我身上啦！"石榴太监忙跪下磕头谢恩。

一天晚饭后，西太后酒足饭饱，要李莲英搀着她去九间房观赏石榴。李莲英说："今天刚给石榴树打完粪稀，臭气烘烘的，改天再去吧！"西太后答应了。过了两天，西太后又说要去看石榴，李莲英还是说"刚打完粪稀"，挡了驾。西太后一眨巴眼，觉得这里面可能有鬼，就说："小李子，明天我一定要去观赏石榴。谁要是挡驾，我就啐他一脸唾沫！"

这下子可急坏了李莲英，他暗中派人通知石榴太监：明天太后要去观赏石榴，快想对付的办法。两个太监想了半天，也没想出一个好主意，忽然想起兵法上有"移花接木、李代桃僵"的说法，就想去找一个大石榴，接在原来长红石榴那根树枝上，这也许能糊弄过去。一个石榴太监偷偷出了园门，跑到培植花木的丰台十八村，选了一个大红石榴，用铁丝拴在树上，单等第二天西太后来观赏。

谁知道，西太后是个诡诈多变、说了不算的人，第二天她又不去九间房了，说"过两天再去"。这一来，石榴太监又发愁了：要是等两天石榴蔫了，颜色也不鲜了，让西太后看出破绽，那可就该杀头啦！他俩又去找李莲英。还是大总管鬼点子多，他说："你们拿着这个断枝儿石榴，去叩见太后，就说：从东边飞来一只金凤凰，落在石榴树上，把树枝蹬折了，这是天意。"

这俩石榴太监不敢怠慢，李莲英前脚走，他俩后脚就进了乐寿堂，跪在太后面前，献上红石榴，说："启禀太后，今天早晨从东天上彩霞里，飞来一只金凤凰，落在百年石榴树上，把树枝踩折了。这是老佛爷的福分，凤凰献石榴，让您早几天尝尝鲜儿！"李莲英马上帮腔说："今天早晨，我亲眼看见，从九间房升起来一块五色云，原来是凤凰参拜老佛爷来啦！老佛爷真是福大命大造化大呀！"说完，接过石榴，递给西太后。

西太后给说迷糊了，就龇牙笑了笑，还真以为是天意呢！她赏赐给石榴太监一百两银子，打发他们退下去了。

那两个石榴太监捡了条命，一天也不敢耽搁，把那一百两银子，又原封不动地孝敬了李莲英。

剪纸《四海升平》（冯雪创作　孙明春摄影）

永宁宫的百年石榴树

  永宁宫大酒店的顶楼蕴藏着一座宁谧的空中花园——永宁宫茶艺馆，熙攘的文人墨客、三五知己常常在此品茶谈天，幽雅清新的环境吸引着往来宾客。溪水环绕的亭台旁一棵百年古树枝繁叶茂，以其坚强的生命渲染着俊朗雅致的花园美景，火红的花朵开满枝头，娇艳欲滴，丰硕殷实的果儿压弯了枝头。

  "榴花红满天"早已成为永宁奇观异景，惹得到此处饮茶的客人心生喜爱。这棵数百年年轮石榴古树牵绕着一段鲜为人知的前朝旧事。清康熙年间，年羹尧大将军征战南北，奋勇杀敌，立下赫赫战功，被康熙先皇授为陕西总督，雍正即位后又授予抚远大将军，权倾一时。年羹尧持功自傲、专权跋扈、乱苛贤吏、任人唯亲，称霸川陕一带，为彰显奢华，年羹尧更是巨资更修府邸，在永宁门内侧皇城附近建成了20余亩的年府，古木奇珍，雄殿恢宏，不亚于皇宫的气势，引起朝野上下的不满。

  雍正即位以后，希望能够使这位飞扬跋扈的年将军迷途知返、改过自新，就决定诏见他到宫中叙话，当时正值春暖花开之季，御花园中满园春色，闲谈中二人走到一水果石榴树旁驻足观花。

  皇上询问年羹尧："此时正是石榴花的季节，爱卿觉得此石榴树如何？""回陛下，微臣十分喜欢这棵石榴树，树梢上密密麻麻的花，给整个御花园都增色不少。"

  皇上意味深长地说："爱卿有所不知啊，石榴花特别之处在于单瓣的易结食，多瓣的反而不易结食。就像羽翼太过丰满的雄鹰不一定能飞得更高一样。"

  次日，雍正就派人将这棵石榴树送至年羹尧的府邸，栽植后花园，就是今天的永宁宫大酒店的所在地，然而，年羹尧的持功自傲和骄傲自满，让他一直百思不得其解皇上赐树之意，固执的认为赐树就是皇上对他为国效力的犒赏，曲解了皇上想以石榴树警告

汪慎生（1896—1972）《石榴多子图》

年羹尧过于桀骜的原意。他继续刚愎自用，专权跋扈，藐视皇权，年羹尧就像现在树梢上多瓣的石榴花，最后只是昙花一现，风云一时罢了。就在收获的季节里，雍正最终命其自缢而死，像未能结出果实的多瓣花，飘然而落消逝了。

时过境迁，而今这棵古木已然斑驳怀古，二十世纪初，由政府牵头移植原址永宁宫楼顶花园，列为省名贵树种，每值五月，永宁宫茶艺馆内新叶紫嫩，百花齐放，呈现出"榴梢春动紫烟升"的胜景，一朵朵红得像火，空气中飘散着阵阵清香，茶香花香混合在一起，沁人心脾，让人专注于对茗茶的眷恋时，偶尔思绪又飞驰到前清往事，历史翻滚而来，亦悄然离去，唯留石榴树枝繁叶茂、繁花似锦……

（丁瑾瑜）

朝真桥的传说

　　朝真桥，又名圣堂桥，位于青浦区练塘镇练塘市河中，初建于明嘉靖三十一年（1552），清康熙三十三年（1694）重建，是练塘镇上最高最大的单孔弧形石拱桥。1994年，此桥列为青浦县第四批文物保护单位。

　　朝真桥还有一个奇观，桥的石壁缝里奇异地伸出一枝粗壮的石榴，一年四季，这枝石榴变幻着姿态和色彩。初春时分，嫩叶抽绿，婀娜多姿；仲夏之际，点点榴花，蕊珠如火；深秋时节，硕果高悬，华贵端庄；寒冬腊月，干杆虬枝，苍劲古朴。画家常常到这里写生，为这座古老的石桥描容绘貌。瞧：青苔斑驳，映着绿叶、红蕊，大有色彩对比之美；尤其榴果高悬，更是艳丽夺目，成为当地一景、一绝，观赏者无不称奇。桥缝里没有水和土，石榴怎么会长出来呢？为什么只长石榴不长其他植物呢？这株石榴究竟长了多少年？

　　扑朔迷离的传说在告诉人们：镇上有一个孝妇，被诬为杀死婆婆的凶手，定成死罪。行刑前，孝妇把发髻上戴的石榴花交付给旁人，让他插到石缝里，并说："若石榴在石缝里生长，就证明我是冤枉的"。孝妇屈死后，旁人按她的话，把石榴插入这座桥的石缝里，石榴枝果然长了出来，而且年年开花结果。这则故事原载于《宋史·五行志》，民间艺人口头流传了下来，故事以石榴枝奇异的魔力构成了精华所在。还有一种说法：在造桥时，是桥匠把石榴籽丢入了石缝里。传说自然只能是传说，不足为信。

　　石榴原产波斯，即现在的伊朗及阿富汗等中亚地区。那儿正是古代的安息国，故石榴取名"安石榴"。安石是安息的音变，以后才简称石榴。根据《博物志》记载，石榴是汉使张骞从西域带入我国，栽培历史已有两千多年了，民间花卉园艺栽培口头俗称"石榴，石榴，安石结榴""以石压之，则多生果"。这显然是对"安石榴"这个名称的误解。

石拱桥留石榴树（王卫青摄影）

把安石国产的石榴，牵强附会并引申出安放石块压枝，方能多结果的口头传说。不过，石榴确有强盛的生命力，它性喜温暖气候，光线充足；冬季休眠，能耐低温；适应性强，要求肥沃、疏松的石灰质土，保持一定的干燥。繁殖方法有扦插、分株、压条、嫁接和插种。朝真桥上的石榴，是鸟、蛇把石榴籽衔入桥缝的。桥体内一般都采用石灰掺土填筑，保持干燥，雨水冲刷桥面，将泥浆灌入桥缝。而桥缝不会积水，天晴，桥体内又很快能保持干燥，颇适应石榴生长。加上桥边"驻守"的老人常常讲述着"蛇王守榴""孝妇插榴"的传说，灌输神秘的色彩，即使石榴开花结果，也无人敢摘，就连天真的顽童也望而生畏，敬而远之。这样，日久天长，石榴越长越壮。据说，这株石榴已有百年历史。

石榴本不是什么奇树，因为长在桥上，就显得奇特。当年的隐真寺早已无影无踪，然而这枝石榴却顽强地依附在寺边的这座桥上，与石桥息息相依，又为本无生命的石桥注入了活力。由于石榴的存在，使朝真桥更具魅力。

"娘娘庙不供石榴"的来历

在洛宁县上戈镇东南的一条山岭上，有一座娘娘庙。庙里有一个64岁的老和尚，法名释觉证。其老家是山东诸城人，到此当主持已有五六个年头了。

释觉证和尚讲了个"娘娘庙佛堂不供石榴"的故事，与当年王莽撵刘秀有关。

传说在这个庙东北方向不远处的沟里边有个"官东凹村"。很早以前，这村里有一户姓李的人家，生了四个闺女一个男孩。排行老四的闺女名叫金花，生性倔强，脾气急躁，但心底却很善良。一天，她到一个名叫白水圪塔的地方给在地里犁地的哥哥送饭，提了一罐白面疙瘩汤，挽了一小竹篮玉米面馍。当她心急火燎正往地里赶时，却碰见了一个失急慌忙边跑边回头看的男子。那男子见了手提饭罐、臂挽馍篮的李金花，主动上前弯腰拜见，并诉说自己被人追杀，已经两天水米没搭牙了，实在饿得心慌，祈求女子让他吃些饭食，还神秘兮兮地说："以后如能得帝，定当重重报答。"

送饭的李金花见他怪可怜，举止说话也不像个歹人，便动了恻隐之心。她迟疑了一下，还是把手中的饭罐送给了那一男子，然后羞答答地扭过身子，站得稍远一点儿看他吃饭。

那个落荒而逃的男子就是刘秀。他见女子递过来饭罐，顾不得多说客气话，两只手捧住饭罐就往嘴里倒。一来面汤还有些热，二来是用饭罐直接倒着喝时嘴把饭罐儿拦不严，面疙瘩汤洒在了地上一些。以后，这洒面汤的地方就出现了一大片白面糊石头。

刘秀吃完饭后不敢久停，拔腿又往西北方向赶紧跑。李金花看他跑远了，这才又回家做了些饭，大跑小跑给他哥送去。

金花他哥在地里饿得心慌，长等短等不见金花送饭过来，眼看太阳早已偏西，远近不见人影，憋了一肚子火儿。待金花返身做饭送来，他就火冒三丈地数落个不停。当得知金花是把饭让一个素不相识的男人吃了时，更是火上浇油。一边骂金花不守妇道、丢人现眼、辱没门风，一边顺手抽了金花两鞭子。

性格倔强的李金花哪里受得了这样的气，而且哥哥是空口污人清白。她捂着脸哭了好大一阵子，等哥哥把饭吃完，便提起空饭罐气呼呼往回走。她走着想着，越想越气，正好离白水圪塔不远处有一棵大石榴树。金花走到树下时，就抽下裤带搭在石榴树上上吊自尽了。

太阳快落山时，她哥哥卸了犁回家，见妹妹自尽了，知道惹下了大祸，十分后悔自己鲁莽，就离家出走再没有回来。

后来刘秀做了皇帝，感念那个给自己饭吃的女子，派人来找，才得知那女子早已因为那罐饭上吊身亡。刘秀非常感动，就封那女子为"娘娘菩萨"，并拨出库银在她上吊的地方修建了娘娘庙，赐地住僧，香火供奉。由于李娘娘吊死在石榴树上，刘秀担心娘娘见了石榴心里难过，就口传圣旨："娘娘庙里供果不准供石榴。"龙口无戏言，一直沿袭下来。

（原载于"洛宁城事"）

石榴王大赛（孙明春摄影）

——————— 中国石榴传奇 ———————

接生婆吴妈

　　民国年间，太行山深处的吴家庄有一位接生婆，她丈夫早年病逝，留下一个体弱多病的儿子吴成，母子俩相依为命。因这位接生婆的丈夫姓吴，庄上的人都称她吴妈。

　　吴妈接生的本事是婆婆传给她的，起初婆婆去给人接生，吴妈就跟着当助手。她婆婆岁数大了，吴妈就取代了婆婆，成了一名很有责任心的接生婆，她接生的本事远近闻名。吴妈的接生手法很娴熟，她接生的孩子和大人都是母子平安，从没有过差错。

　　吴成出生时是他奶奶接生的，他出生时才三斤多，到了三岁才会说话，五岁才会走路。眼看着就二十多岁了，体重才有六十斤，面黄肌瘦，出门得拄着拐杖。为了能给吴成治好病，吴妈卖了祖屋和田地，花光了家里的钱财，吴成并没有好转。吴成虽然是个病秧子，吴妈还是希望他能成家，能为吴家传宗接代，哪怕娶个残疾或被休的女人也行。

　　为了让吴成能娶个媳妇，吴妈遇到媒婆就央求，到外村接生，她也不忘给吴成张罗对象。可人家一打听吴成是个病秧子，谁也不愿意去给他做媳妇。

　　按照婆婆传下的规矩，吴妈接生一个孩子，顺产的要一块银圆，难产的要根据具体情况加倍，事后，主家还要请饭。遇到没有钱的人家，吴妈分文不取，连饭也不吃。

　　民国二十四年初秋，吴妈到邻庄接生回家的路上，翻山口时突然听到路边的草丛里有凄惨的叫声。看看天色将晚，吴妈心里咯噔一下。处于好奇，吴妈还是停下脚步，来到路边，扒开草丛，只见草丛中一只土黄色的狐狸蜷缩在血泊中，声音就是狐狸发出的。吴妈壮着胆子仔细一看，发现狐狸在生产，幼狐的腿已露出母狐的体外，原来狐狸是难产。

　　在吴妈的帮助下，那只母狐产下了九只幼狐，母狐和幼狐都平安无事。吴妈离开时，那只母狐看着吴妈，两眼都是泪水。那天吴妈黑天后才到家，回家后她病了一场。

之后的日子里，吴妈还是一边给人接生，一边给吴成张罗婚事。一晃就是三年，二十五岁的吴成还没娶上媳妇，他的病还是没有好转。

民国二十九年初秋，大梁江染坊高掌柜的三儿媳临盆，两个接生婆忙活了一天，孩子还是生不出来，产妇难产。实在没办法了，高掌柜让伙计套了马车，到四十里外的吴家庄接来了吴妈。吴妈到来时，产妇已没了力气，体外露着婴儿的一条胳膊，是横胎。凭借多年的接生经验，吴妈让那两个接生婆当助手，她动用了剪刀，不到一个时辰，孩子生出来了，一个白胖的男孩，母子平安。

当天，高掌柜设宴款待了吴妈，赏了五块银圆，又吩咐伙计套车送吴妈回去。当时因主家高兴，吴妈也高兴就多喝了几杯。回家的路上，吴妈睡着了。好像是在梦中，马车正颠簸着前行，前面又到了山口，翻过山口不远就到家了。

突然，一个婆子拦住了马车，气喘吁吁地说："吴妈，快救我家主人，她难产了。"吴妈一激灵跳下马车，跟着那婆子七拐八拐进了一个荒草丛生的院子，走进屋去。屋里有八九个妙龄女子，床上躺着一中年妇女，不停地呻吟着。吴妈用手揉了揉眼睛，洗过手，就为那妇女接生。费了很大力气，孩子生了出来，一个男孩，母子平安。

吴妈拒绝了宴请，着急要回家，她太累了。那婆子将吴妈送过山口，把吴妈送到家门口，把一个小包裹递给吴妈说："吴妈，我家无以为报，这是我家主人的胎盘。我家主人说，你家公子体弱多病，吃下这胎盘，他的病就能痊愈，这胎盘专治你家公子的病。"吴妈正要挣脱，那婆子忽然不见了，不远处站着一只狐狸，正朝着吴妈张望。

回到家，吴妈把事情经过跟吴成学说了一遍。吴成说："娘，这是仙家救我来了。可是，从小就听奶奶说，女人生完孩子，胎盘要埋在院子里的树底下，这样才能保母子平安，孩子长大后才会有出息。咱不能只为自己，害了人家啊。"

吴妈比吴成还知道这些，这是祖宗传下来的规矩。吴成也是个善良的人，吴妈更善良。娘俩商量了一下，就把那个胎盘埋在了窗外的石榴树下。

给吴妈送胎盘的就是吴妈曾经救过的那只狐狸，当时要不是吴妈替狐狸接生，狐狸也就死了，她一下子就救了生灵的十条命。狐狸知道了吴妈母子把胎盘埋在了石榴树下，就又变成那婆子的模样，来到吴妈家，深深施了一礼，眼里闪动着泪花说："你们都是善良人，都是好人，好人会有好报的。你们把胎盘埋在了石榴树下，石榴树也就有了灵气，等明年的石榴红了，让你家公子吃三个石榴，公子的病自然就好了。"那婆子说完，又深深鞠了一躬，转眼化作一缕清风不见了踪影。

第二年中秋节，吴成按照那婆子说的，吃了三个石榴。自此，他满面红光，疾病痊愈，身体健壮。后来娶了媳妇，生了一儿一女，一家其乐融融。

（草根作家）

花哥哥、花妹妹的传说

　　很早以前有位蒙自县衙县太爷，任期满后，欲携"百果珍品""水晶珠玉"的"千房同膜，千子如一"的新安所石榴还乡馈赠家乡亲友。石榴农户竞献石榴，但唯独新安所王有贵挑去的石榴，形态均匀，果实饱满，色泽鲜艳，个头最大。县太爷赞不绝口，当众称他为"王石榴"。

　　距新安所百里之外的大黑山马峰岩一个大山洞里，聚集着一伙烧杀抢掠的匪徒，其首领叫大锅头。得知"王石榴"被县太爷誉为"石榴王"的消息后，也想品尝这百果珍品，便派人带上银两去买石榴。但"石榴王"的石榴早已卖完，其他农户的石榴也所剩无几，两个喽啰只能买一些下脚货驮回山洞。

　　俩喽啰没有买到石榴，却得知"石榴王"家有一对孪生兄妹，兄妹俩长得眉清目秀，是新安所人见人夸的帅哥靓妹，于是他们如此这般的将花妹妹夸奖得令"大锅头"心痒难耐，欲娶花妹妹为妻。

　　花哥哥不忍妹妹落入虎口，于是男扮女装，顶替妹妹嫁去大黑山。洞房花烛夜，"花妹妹"与大锅头同饮"交杯喜酒"，毒死了大锅头，自己也舍身成仁。

　　从此，新安所人便以此把雄性的花哥哥称为花妹妹，并流传着花哥哥男扮女装成为"花妹妹"为民除害的动人故事。

花妹妹（唐堂供图）

砂籽石榴的传说

新安所有元朝遗户，蒙古姓氏花颜奴。元亡明兴，为躲避是非而改汉姓为汤。

传至嘉靖初年汤公达亦学种石榴。

但因是蒙古后裔，所得土地不如沐氏勋庄，更不如屯兵之地肥沃和灌溉便利，多为山丘沙地，又缺种植管理技能，种出石榴多变异为皮厚、籽硬、成熟期晚，这种石榴每年都在其他石榴品种成熟一月后才能成熟上市。

因生长期长，子虽细而味甜如砂糖，汤公达戏说："是用砂糖水浇灌的石榴，不如称'砂籽石榴'"，相传至今。

采石榴（唐堂供图）

绿籽石榴的传说

新安守御所百户指挥邢真，是农耕能手，被千户都指挥派为督垦，因政绩斐然，千户奖给园圃一区，在园内以实生苗木繁育出数株籽大、色艳味特蜜甜的新种。

果熟时率其子邢子美带着石榴到裴荣千户府邸拜。

因裴千户次女裴榴花，年方十六，樊口如樱，蛮腰似柳，弓马娴熟，更擅琴棋，时称守御所第一美女，与子美同属街坊，幼时两小无猜，十余岁时，见子美英姿焕发，孔武有力，常羔裘豹饰，光彩照人，便私约百年。

邢真知之后，请媒求合，但裴千户以门不当户不对，不允千金下嫁邢家。榴花向母哭诉："非子美不嫁，否则削发出世！"千户经妻女多方求诉，同意次年八月完婚。

裴千户原籍山西闻喜县，要求婚仪按闻喜习俗，婚前"送定"称"传槟榔"，即向女方送彩礼、定婚期。女方宴请宾客，男方向女方宾客各送大红纸包裹槟榔，同时又送一些自产的石榴。众亲友品尝石榴时惊异邢家石榴：籽大如宝石，晶莹似猫眼，其味如蜜，便戏称"绿籽石榴"，相传至今。

石榴仙（唐堂供图）

酸石榴的传说

相传嘉靖四十年至隆庆元年，蒙自大旱。

临安钱知府，征调民夫疏浚南湖。

新安所一带粮食骤减，石榴种苗枯死、变异，后来部分变种结果实味酸而酸中透甜，别有一番滋味。

传至清初，新安所改隶云南使司。时有临安人张联捷、胡存忠，以镇抚衔治理新安所兵政，吃到酸石榴，则誉为上品，将酸石榴移临安种植。

因临安土壤、气候、日照诸条件异于蒙自，又经果农精心培育，临安酸石榴则略胜蒙自酸石榴一筹。

仙榴（唐堂供图）

紧紧抱在一起（唐堂供图）

蒙自甜石榴的故事

相传很久以前，蒙自县新安所有一个窦把总，蒙自县有一个陆巡检，窦、陆二人往来密切，亲如兄弟。窦氏有一女名水晶，陆氏有一男名光缘，两家便指腹为婚，和乐融融。

十年后，巡检疆场殉难，窦把总冒名顶替领了朝廷给陆氏的封赏，并把陆氏母子扫地出门。陆氏母子只能栖身在山洞，靠光缘打柴为生。

八年后的一天，水晶姑娘路遇一青年樵夫，当得知此人正是自己失散多年的光缘哥哥后，她悄悄溜出家门，并将随胎带来的宝石衫上的红宝石摘下，揣在怀里直奔深山去找她的光缘哥哥。

凶恶的窦把总闻讯后勃然大怒，发誓要杀了光缘和女儿，遂带了众多家兵去深山搜寻，在山洞里找到这对恋人后，家兵毒箭如狂风暴雨般射向山洞，赶来助阵的无数阳雀、夜莺、白鹇挡箭而死。天公震怒了，用山洪淹死了窦把总和家兵。

大地平静了，彩虹升起了，光缘哥哥和水晶姑娘化为美丽的花朵。春天，水晶把宝石一一装进光缘的兜袋里，光缘采大地之精华，集九天之甘霖，把宝石酿成世上最甜的果儿——石榴。

绿光颜、红光颜的故事

　　清朝初年，新安所镇上有一姓邓的农户，靠盘田过日子的邓家，到了邓有文父亲这一辈，邓父一心想让邓家出个读诗书吃官饭的人，便把儿子取名为邓有文。

　　邓有文发奋要考个一官半职，光宗耀祖。无奈家境贫寒上不起私塾，只能从镇上的写字先生那学认字，但却没能考得一官半职。父母亲去世后，生活就困难了，虽院里石榴树每年都结不少石榴，却又舍不下面子去卖。幸亏邻家姑娘看中他为人老实、知书达礼，帮他卖，才能勉强度日。

　　后来这个姑娘便嫁给他，生了三个女儿，生活从此更加贫困，邓有文对读书做官之路死了心后，便想好好抚养妻儿，过好日子。于是便打起了石榴的主意，用仅有的一点积蓄租了一块地。种起了石榴，好在他的脑子灵活，又识字，石榴栽得比别人好，几年后日子逐渐好转起来。

　　又过了几年，他的三个女儿到了谈婚论嫁的年龄，说亲的媒人踏破了门槛。到了出嫁的日子，邓有文准备了三份嫁妆。一份是石榴园，一份是培养的石榴苗，一份是栽石榴的技术。大姑娘挑了石榴园，二姑娘挑了石榴苗，三姑娘挑了栽石榴的技术，三个女儿都拿着如意的嫁妆，高高兴兴地出嫁了。

　　后来，新安所人就把大姑娘的石榴叫"沙籽石榴"，把二姑娘栽的石榴叫"红光颜"石榴，把三姑娘栽的石榴叫"绿光颜"石榴，也叫绿籽石榴。人们纷纷向三姑娘和二姑娘讨要苗种，广为栽培，从此，绿光颜和红光颜石榴便成了新安所最有名的优质石榴品种。

石榴牌坊的传说

　　乾隆第六次下江南时，正值各地水果成熟季节，皇帝突发兴致，欲尝天下百果之鲜。钦命一下，半月之后，全国各地珍奇水果便云集扬州。当时陪乾隆巡视学考的内阁学士，云南蒙自人尹壮图也从驿道传书，蒙自县令接令后便速到新安所选购石榴，精心包装，派快马驰运扬州。

　　百果宴上，新安所石榴经千里颠簸，事隔半月有余，仍硕大鲜活，果实晶莹，浆汁甘甜，乾隆吃后叹道，佛经载一切水果以石榴最佳，今终得真尝！遂提笔为蒙自石榴写下"百果之尊"的封号。

　　"百果宴"后，乾隆曾准备第七次下江南，直达云南，并招臣密商，众臣心耽路遥，皇帝年事已高，不忍舟车劳顿，力劝之才罢休。

　　此后乾隆一直耿耿于怀，遂赐千两黄金在新安所镇修建一座木牌坊，命在蒙自"回籍养母"的尹壮图监造。

　　经过二百多年的风吹雨蚀，岁月沧桑，石榴木牌坊已不复存在，但红光缘和绿光缘这两个石榴品种一直栽种至今。成为新安所石榴中的上品，深受人们的喜爱，远销国内外。

石榴仙女（唐堂供图）

石榴的故事

　　新疆栽种石榴的历史有两千多年了。公元前2世纪前后，新疆就开始种植石榴。石榴传入内地后，广泛博得了人们的欢迎和赞美。

　　新疆的石榴果形独特，籽粒晶莹、饱满，甜酸可口，还可入药。新疆石榴的产地主要在南疆的叶城、策勒、和田、莎车、喀什等地，其中以叶城县伯西热克和疏附县伯什克然木种植石榴的历史最久，面积最大，产量最高。在新疆，人人都知道，叶城素有"石榴之乡"的美称。叶城的石榴以个儿大、果皮薄、籽粒大、味甜汁多著称。由于特殊的地理气候条件，新疆的石榴普遍比内地大而甜，大的一个就重达一两斤。每年五六月间，繁花怒放，非常漂亮，有火红色的、水红色的，也有橘黄色的底色带红晕的。新疆的石榴非常耐贮存，一般可贮藏七八个月。

　　在新疆流传着这样一个关于石榴的故事：曾经有一个国王去打猎，因为天气很热，口渴的国王好容易走到一个果园前，连马都没下，就进了一个农夫的院子，大喊道："院子里有谁？"老农夫走出来，一见是国王，马上向他问好。国王说："有果子吗？快拿来！我口渴得很。"农夫马上给他拿出了两个大石榴。国王吃了觉得味道甜美无比，心想：我是国王，这样好的石榴应该结在我的果园里，而不应该结在这种穷人的园子里！应该把这里的石榴树全部挖走，移到我宫中的花园里去。他一边吃，一边想，吃完了以后又向农夫要。

　　聪明的农夫看见国王贪婪的目光，猜到了国王的想法。农夫又拿出几个石榴给国王。国王一吃，又涩又难吃，于是，他向农夫大发脾气："你怎么敢拿出这样的石榴给我吃！为什么不拿刚才那样好的石榴？"那个农夫不慌不忙地说："尊敬的国王，这就是刚才您吃的那种石榴，它们都结在一棵树上，绝没有拿两种。"国王生气了，说："你也太胆大了，连国王你都敢骗吗？"那个农夫说："尊敬的国王，要是这样，错就不在我的身上了。常听人们说：'如果谁的心坏了，起了歹心，甜的石榴吃起来也是苦的'。"国王很纳闷儿，他并没有向老农夫说出自己刚才的想法，这个农夫怎么就知道了呢？

国王怕农夫说出自己的想法，觉得有些难为情，就领着人回皇宫去了。聪明的农夫就这样用自己的聪明智慧保住了石榴树。

如今，维吾尔族姑娘中叫"阿娜尔古丽"这个名字的很多，翻译成汉语的意思是"石榴花"，可见，维吾尔族人民对石榴的喜爱。在民间文学作品中，也常用"阿娜尔"形容女性的窈窕美丽，用"阿娜尔"比喻心灵的美好纯洁；在日常生活中，人们还有以石榴为礼物，赠送客人或互相赠送的习俗。

（赵永红）

石榴丰收（郝庆供图）

石榴红了（张振洲供图）

庆丰收（张振洲供图）

石榴的有趣传说

在维吾尔语中，石榴被尊称为"阿娜尔"，"阿娜"是母亲的意思。"阿娜尔古丽"是说石榴花一样美丽的姑娘。

母亲，石榴，姑娘。这三者到底存在什么样的关系呢？我百思不得其解，我的疑问被下乡采风时随意听到的一个传说给点化了。

传说在古波斯有一个国王，有一天国王结婚大摆婚宴。席间，大臣们为讨好国王，纷纷献上黄金、绸缎之类的名贵物品。

国王一边乐呵呵地抱着王后，一边欣赏着礼品。突然，国王看到大堆礼品中竟出现了一个大石榴，国王勃然大怒："是谁这么小气？"

大臣们一个个吓得低头不敢出声，这时候，有一位大臣不慌不忙地站出来说："大王，是我专门为您送的石榴，您叫王后掰开石榴看看，那里面有多少活灵活现的童籽啊！这将是王国的福气！"

一席话说得国王拍手叫绝，王后更是喜滋滋地抱着掰开的石榴不松手。后来，王后为国王生下了十几个英俊的王子，个个都为帝国立下战功。从此，石榴在中亚一带有了特定的地位。

下篇

石榴典故

榴开百子

张大千（1899—1983）《多子图》

距今一千四百多年以前，我国北方有个国号称为"齐"的封建王朝，首都定在邺京，开国皇帝的姓名叫高洋，历史上称他为齐文皇帝。高洋有个侄儿叫高延宗，封为安德王，很受宠爱，刚过十六岁，皇帝便忙着为他娶媳妇了，相中的对象是皇后李氏娘家的一个侄女。在他婚后不久，以新郎家长身份去新娘家"走亲家"的，竟是文宣帝高洋本人，还带着一大群官员和侍卫。

酒过三巡以后，新娘李妃的母亲宋氏亲自端了一个果盘，恭恭敬敬地跪献到皇帝的案上。果盘里，放着两个大石榴。皇帝拿起一只大石榴，反复观看，搞不明白"亲家母"献石榴什么意思。便问皇太子的老师魏收，王妃母亲献石榴的缘故。魏收笑着回答说："石榴丰硕多子，而且包埋房中，殿下新婚，王妃的母亲荐献石榴，正是期望他像石榴一样，多子多孙，金枝繁盛"。

以后，订婚下聘或迎娶送嫁时互赠石榴的风俗，在民间广泛流传，还作为多子多福的象征，绘入吉祥图案，称作"榴开百子"。常见的"榴开百子"图，主要有两种：一种是切开的石榴果连着枝叶；另一种是群婴嬉戏石榴树旁，或以石榴花果为周边装饰。

石榴悬门避黄巢

　　唐朝僖宗年间，黄巢领兵造反。杀人放火，百姓闻之逃难。五月间，黄巢的军队攻进河南，兵临邓州城下，路遇一妇人携子疾走。见她怀抱一个大点的男孩，牵着的却是幼小的。黄巢很奇怪，遂下马询问。妇人答：黄巢杀了叔叔全家，只剩下这个唯一的命脉，万一无法兼顾的时候，只好牺牲自己的孩子，保全叔叔的骨肉。结果这还有一丝天良的寇盗听后颇为感动，就告诉妇人只要门上悬挂石榴花，就可以避黄巢之祸。妇人听了，将信将疑，不过她还是回到城里，把这个消息传了出去。第二天正是五月端阳，黄巢的军队攻进城里，只见家家户户门上都挂着石榴花。为了遵守承诺黄巢只得领兵离去，全城得以幸免。此后端午，门上悬挂石榴花的习俗也流传下来。

江寒汀（1903—1963）《榴花幽禽图》

清 杨晋《石榴》

白马甜榴，一实值牛

　　"白马甜榴，一实值牛"。这是一首魏晋时期在洛阳流传的民谣，语出北魏·杨炫之《洛阳伽蓝记》。北魏时，洛阳白马寺的石榴，籽实肥大，味道甜美，魏帝非常喜欢，所以只供皇帝享用。皇帝高兴起来，有时也赏赐他人，获得者视同珍宝，转送给别人，拿到市场出售，非常贵，因此形成这谚语。现代，比喻任何物品，一经名人使用，便身价百倍。洛阳虽不是中国石榴的主产地，但新安县王沟村、孟津县石门村等地的石榴亦远近闻名。

剪纸《多福多寿》（冯雪创作　孙明春摄影）

天棚鱼缸石榴树，先生肥狗胖丫头

　　"天棚、鱼缸、石榴树，先生、肥狗、胖丫头。"这是过去北京广为流传的一句俗语，反映的是过去四合院内和谐别致的风景。

　　石榴树，是北京四合院里种植最多的一种树木，与海棠、玉兰、丁香、碧桃一道，意喻"玉棠富贵，多子多福"。老北京人对石榴树颇有情怀，早年中产以上的宅门儿，多用它点缀庭院，根据院落的大小，置数盆乃至数十盆，并以鱼缸杂列其间。每遇炎夏，高搭天棚以蔽烈日，闲庭信步在石榴树和鱼缸间，如置身清凉世界，令人心旷神怡。这样的夏日风景和古老的四合院一样，都是北京古老历史文化的象征。至今，随着城市的建设开发，四合院建筑越来越少了，可老北京人骨子里对石榴树仍然怀着浓浓的割舍不断的情结。

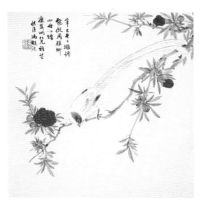

冯超然（1882—1954）《石榴绶带图》

榴园山庄（杨群摄影）

拜倒在石榴裙下

清 康涛《华清出浴图》

石榴花红，衍生出最具浪漫色彩的石榴裙。这是最具中国特色的石榴文化，因为在西亚、中亚等石榴原产地，以及栽培石榴较早的地中海沿线国家都没有石榴裙的概念，石榴裙是中国古人智慧和中国文化的原创。

汉朝无名氏《黄门倡歌》："点黛方初月，缝裙学石榴。"南朝何思澄《南苑遇美人》曰："风卷葡萄带，日照石榴裙。"南北朝萧绎《乌夜啼》："交龙成锦斗凤纹，芙蓉为带石榴裙。"至唐朝，因为杨贵妃穿着石榴裙接受大臣们跪拜，因而有了"拜倒在石榴裙下"的典故。一代女皇武则天封石榴为"多子丽人""不信比来长下泪，开箱验取石榴裙。"这首《如意娘》是她年轻时的上乘之作，读来让威严的女皇平添了些许浪漫温柔小女子情绪。正是由于杨玉环、武则天这两位美丽女性的极力推崇，石榴裙成为唐朝社会各个阶层女人最心仪的服饰。大红的裙子，绚烂夺目、光彩照人；大唐的女子，热情奔放、敢爱敢恨；再加上发达的经济、开放的思想、民族的融合等因素，使得"石榴裙"这一服饰在唐一代大放异彩，成为当时最时尚的女装。"移舟木兰棹，行酒石榴裙"（李白）、"眉欺杨柳叶，裙妒石榴花"（白居易）、"眉黛夺得萱草色，红裙妒杀石榴花"（万楚）、"梅花香满石榴裙，底用频频艾纳熏"（唐寅）成为流传千古的名句。石榴裙俨然成为美丽女人的象征，成为女性以妖娆美姿吸引、诱惑男人的代名词。从这一点来看，石榴裙具有恒久的文化审美学意义，至今历经千年而不衰，仍受现代女子们青睐。

石榴花花神阿措

石榴花花神阿措（亦名石醋醋）与杨柳花、李花、桃花花神借用崔玄微花园宴请风神，风神举止轻佻，碰翻酒杯弄脏了阿措的绯色衣衫。阿措拂衣而起："诸人即奉求，余不奉求。"阿措粉面含怒、怒斥轻佻的风神之后，拂袖而去，夜宴不欢而散。次日晚，阿措姑娘飘然前来求助于崔玄微，她请崔玄微准备一些红色锦帛，画上日月星辰，在二月二十一日五更悬挂在花枝上。崔玄微依言行事。届时狂风大作，但是有了彩帛保护，百花安然无恙。"崔玄微悬彩护花"故事后来演变成"花朝节"习俗。

阿措的形象不仅美得可爱，而且个性火辣刚烈、不畏强权，骄傲不逊。因此，自唐朝开始出现了端午节女孩戴榴花辟邪的习俗。

冠世榴园之夏（邵泽选摄影）

杨贵妃手植榴

陕西省西安市临潼区骊山华清宫有一株石榴古树，树龄逾1200年，为杨贵妃手植石榴。

传说，杨贵妃特别喜爱石榴，亲手栽植了不少石榴，现在仅存此株。树高8米，干围1.6米，冠幅57平方米。树体完整，老干新叶，岁岁花荣，年年挂果。

唐天宝年间，"环园"景色美不胜收，密竹丛林、古藤缠绕、碧水蓝天、鸟语花香。桐荫轩、白莲榭、望湖楼、飞虹桥等建筑依山傍水，坐落其间。荷花阁在飞泉烟雾中如同蓬莱仙境。唐玄宗、杨玉环常到此轻歌曼舞，谈情说爱。杨氏兄妹有时也伴随观光。天宝八年（748）初春，唐玄宗在"环园"玩得十分开心，突然别出心裁地提出要杨氏兄妹五人在荷花池石隙里各种一颗石榴籽，看谁的种子能出苗、长势好。奇怪的是唯独杨玉环种植的石榴籽破土发芽了。几年后，一棵枝叶茂盛的石榴树开始吐艳结果了，杨玉环自然心中得意欢乐。有一次游园，唐玄宗问高力士："贵妃植榴为何长成五枝？"高力士眼睛珠转悠了几下答道："皇上是龙，娘娘是凤，树成五枝，形似龙足凤爪，是龙凤吉祥、国泰民安"。唐玄宗听了哈哈大笑。关于这棵石榴树通体疙瘩是怎么回事，人们众说不一，有人说杨贵妃吃了一颗从这树上摘下来的石榴，味道又涩又苦，一口唾在石榴树上，石榴树羞得全身长满了疙瘩。有人说是安禄山叛军闯入华清宫与御军厮杀时乱箭所致。不论怎么说，一千多年过去了，这棵石榴树新枝在老，老枝又新，但五枝树形未变，满树疙瘩未变，游人对它观赏的强烈欲望与追求文化内涵的心态未变。这正是：榴花开在榴枝上，千年岁月尽风光。苍老更博游人爱，站在此处话盛唐！

南澳出名甜石榴

　　"南澳出名甜石榴"，粤东孤岛南澳，产有饮誉中外的石榴，称"澳榴"。石榴花为南澳县"县花"、南澳岛"岛花"，是南澳的象征，因此南澳有"榴城"之称。主栽品种白籽冰糖石榴，籽白色，像冰糖，清甜可口。白花榴，又称白拓石榴，药用价值最高，因其根须是治疗败肾良药而闻名于世。南澳石榴相传在清朝中期由山东烟台总兵赠榴枝给南澳总兵而传入，至今已逾200余年。澳榴行销内陆，远销我国台湾、香港，以及东南亚一带。海外赤子多把澳榴当作中秋佳品，祈求团圆吉祥，寄托思乡之情。

贵妃手植榴（王庆军摄影）

孙中山手植榴

　　南京莫愁湖公园粤军墓旁有株根生七个主干的石榴树，为孙中山先生为纪念北伐阵亡将士带领同仁亲手种下的，树龄100余年，至今仍年年花繁、叶茂、果丰，被誉为"金陵石榴王"。

　　1912年（民国元年），在粤军北伐军总司令姚雨平倡议下，61位阵亡将士遗骸被运回南京，安葬于南京莫愁湖南岸。孙中山先生亲自手书"建国成仁"四字墓碑，黄兴撰写"粤军殉难义士之碑"。孙中山先生还带领同仁亲手在粤军墓周边种下了一排象征取义成仁、血花耀日的石榴树。如今，只剩下这棵根生七干的石榴树，树高约3米、树干直径20多厘米、树冠直径达十余米，被誉为"金陵石榴王"，被南京市列入古树名木重点保护。

金陵石榴王（郝兆祥供图）

半拉子石榴半拉子举

　　安康市汉滨区旧时有个文兴街，文兴街上有个文兴塔，文兴塔上生有一株石榴树，每年开花却不年年结果。结果之年就有人进学中举，结几个中几个。每年夏秋之交，围着塔数寻石榴者众多。说来也巧，光绪二十年（1894），陕西省甲午科乡试，董铭竹三篇文章都是最早交卷，学台阅卷大赞："真是锦心绣口，文不加点，经世之文也"。接下来墨卷交众考官、房师传阅，皆赞不绝口。晚上，学台将墨卷再行赏阅。讵料，学台是个大烟鬼，边阅卷边吸，边吸边赞，可谓爱不释手，决定要把董铭竹取为榜首。

　　可是到了排榜时，死活找不到卷子，这便没了录取依据。众考官只有说把董铭竹纳入副榜。学台惋惜地说："那就要委屈他了，权作是半拉子举人。"临到示榜前一个小时，卷子突然找到了，原来墨卷被学台稀里糊涂地压在他的烟盘子下面。总算有了结局。回家后，才听人说塔上的一棵石榴在中秋那天才全露眼，此前蜘蛛网缠着看不清。"半拉子石榴半拉子举，半拉子压在烟盘底"的故事在安康流传很广。

南宋　刘松年《罗汉图》

白花石榴村

白玉石籽（陶华云摄影）

传说温水塘村在很久以前其实并不叫这个名字，而有着更加传奇的名字，叫白花石榴村。

众所周知，石榴花的颜色是红色的，然而在这里，石榴花清一色都是白的，于是就有了这白花石榴村的叫法。在村里，也是出过像胡翰林那样能够见到皇帝的大官。

话说这一年，各地方官员进贡各地的礼物，有一位官员献上了雪白色的石榴花，皇帝看得心花怒放，便下令说要搜集天下的白色石榴花移植到自己的花园，有官员便提到了云南的白花石榴村，皇帝一听，龙颜大悦，便下令派人要将整个白花石榴村移到京城。这胡翰林一听，顿时慌了神，这白花石榴村可是自己的老家啊，那么多的父老乡亲兄弟姐妹马上就要无家可归了。于是立马找人捎话回老家，告诉乡亲们立刻将所有的石榴树全部砍掉，一棵不剩，并且把村名也改掉。于是在皇帝的官员寻到之前，所有的石榴树全部被砍掉了，原来的白花石榴村就这样凭空消失了。于是就有了现在的温水塘村。说来也怪，自从那次将全部的白色石榴花砍掉以后，再长出来的石榴树开出的花就和其他地方的一样了，也是红色。白花石榴村也就真的不复存在了。

　　　　———— 中国石榴传奇 ————

擘破石榴

在江阴历史上，徐晞是一位颇有传奇色彩的人物。

据《尧山堂外纪》载，徐晞显贵后曾经返回故里省亲。郡守县令率领当地诸生出城相迎。几位年轻的生员知道徐晞出身贫寒家庭，顿时表现出轻蔑无礼的态度。郡守看到这个情况，十分恼火，就当场出了上联"擘破石榴，红门中许多酸子"，要求生员们当即对出下联。众生员竟然面面相觑，无人能够应付。

此上联出得有双关意味。表面上说的是石榴，是一种自然现象。实际上红门的红指的是同音字"黉"，黉学是指古时学校，后半句的意思是黉门中有很多虚伪浅薄、自恃清高、并无真才实学的酸秀才。郡守借此联句，对这些势利生员提出了严厉的批评。

看到生员们陷入了窘境，徐晞倒显得十分大度。他灵机一动，代替生员们对出了下联"咬开银杏，白衣里一个大仁"，同样也是双关语。银杏白壳裹着大仁，白壳暗喻布衣，大仁与大人又是同音词，意思是说不要小看平民出身的我，却是一位有才华有前程的大人。下联与上联对得珠联璧合、天衣无缝，不仅郡守暗暗称奇，而且众生员感到自愧不如，于是一个个依次向徐晞道歉。

齐白石（1864—1957）《石榴》

先生欲去寡实留

　　莆地民间，曾流传这么一个故事。说的是明朝时，才子柯潜，少时愚笨，不会念书，教书先生因此辞馆而去。柯潜出门送行，到了壶公山山脚时，忽然醒悟，要先生回馆。先生此时见有一女子挑一担橄榄，便随口出题道："女子独行谁敢揽（即"橄榄"，语带双关）"，要柯潜应对，说对得出，就回馆，对不出就分手。想不到柯潜出人意料，见先生身上挂着几个石榴，就立即对出道："先生欲去寡实留（寡即我，实留讹为石榴）"。先生听后十分满意，师生俩就此回馆。

明 徐渭《杂花图卷》(局部)

鸭蛋石榴

有一天，苏东坡在花园里饮酒，侍女端来一碟剖好的咸鸭蛋。恰好苏小妹来了，她拿起半边咸鸭蛋，顺口说道："剖开舟两叶，内藏黄金白玉。"

这是谜语对。苏东坡苦思许久，总是对不贴切。这时，侍女又端来一碟石榴。东坡剥着石榴，触景生情，忽然悟出了对句："打破坛一个，中藏玛瑙珍珠。"

几日后，秦少游来了。苏小妹念出这副谜语对叫他猜。少游想了想，没有正面回答，只是笑着问："你请我吃咸鸭蛋和石榴，是不是？"小妹点头笑了。

'秋艳'石榴籽粒（郝兆祥摄影）

'黑美人'石榴（高天供图）

妙联咏石榴

　　方以智（字密之）幼受姑母方维仪教养，能诗会文，被誉为神童。密之九岁那年的中秋之夜，全家人围坐在院子里赏月。桌上放了月饼、石榴、菱角等节令食品。以智调皮嘴馋，未等开席就伸手去取。方维仪想趁机考考侄儿，便对小以智说："我出一对，你能对上就先吃。"方维仪从桌上拿了一个菱角剥开，露出雪白的菱角米，出了上联："菱角双尖，铁裹一团白玉。"密之稍加思索，即从桌上抓来一个开裂的大石榴，将它掰开，露出晶莹光亮的石榴米，对曰："石榴独蒂，锦包万粒明珠。"在场的人都拍手称赞，方维仪更是高兴，连忙剥开菱角、石榴让他吃个够。

榴园冬日（周辉摄影）

十六石榴石榴食

上联：十六石榴石榴食，下联：五一武义武义舞。唐伯虎点秋香中有个丫鬟叫石榴，上联的第二个石榴就是人名。意思是有个叫石榴的人吃了十六个石榴。下联中第二个"武义"也是人名，另外福建的一个地方也叫"武义"。

石榴、石榴汁（高明邵供图）

血染石榴花

这是一首石榴悼挽联。上联：血染石榴花，抗日精神芳百世；下联：春临良口镇，富民政策耀千秋。广东良口石榴花山上，有陆军63军抗日阵亡将士公墓，政府每年公祭。在抗战年代建立"陆军63军抗日阵亡将士公墓"和"陆军62军157师抗战阵亡将士纪念碑"，这两处抗战遗址已列入广州市重点文物保护单位。黄燮棠撰联纪之。

会理石榴基地（王启凯摄影）

榴花凝碧血

　　这是一首石榴悼挽联。上联：榴花凝碧血；下联：铜岭写春秋。东莞市石排镇的铜岭山上，有榴花塔，建于明代万历年间。1938年秋，日帝侵华，直陷东莞，共产党领导全民抗日，东莞组织壮丁模范队，在铜路峡口打响了由共产党领导东莞抗日的第一仗，气壮东江。此联状其事。

石榴名胜联

    这是一首石榴名胜联。"石榴花塔，风度清雅，萃江汉枝嫩树碧；霓裳小院，琴韵悠扬，唱楚地天秀山青。"武汉名胜石榴花塔碑文云：在城西一里，宗史五行志：绍兴年间，汉阳军孝妇杀鸡奉姑，姑食而死，姑女诉于官，妇坐罪，无以自明。临行，折榴花一枝插于石，辩曰："若毒姑花即枯瘁，若属诬固花可复生"。其后，果秀茂成荫，岁有花实。时人哀之，谓天彰其冤。立塔花侧，以表其事，岁久塔废，明主事黄一道重储汉阳，命有司伐石，以志之。今碑亦不存。同治二年，署郡守周乐，重立塔，记以复其旧。

会理石榴基地（左子文供图）

榴花照眼红，柳絮笼衣白

　　冰心幼读私塾。一日，老师出一上联"榴花照眼红"试之，七岁冰心脱口对出"柳絮笼衣白"。老师夸赞曰："上联只描写了石榴花开放的景象，而下联除了柳絮飘扬的景象外，还出现了人物的活动形象。妙哉。"

曙光希望（李秀平摄影）

莺入榴花

"莺入榴花，似炼黄金数点；鹭栖荷叶，如堆百玉一团。"

明戏曲家陆彩，7岁时随父到柳荫如盖的荷塘边消夏。但见榴花似火，荷叶如田，莺鹭竟飞，稻浪波涌。其父出此上联，陆彩见荷塘白鹭，心如彩笔，语若色颜，立时对出下联。描出一幅鹭栖荷叶图。色彩鲜明，状物咏景，栩栩如生。

袁培基（1870—1943）《多子多福图》　明 陈道复《石榴》

臣乃探花郎

　　"东启明，西长庚，北斗七星，朕是摘星手？春牡丹，夏石榴，秋菊冬梅，臣乃探花郎。"

　　乾隆某年开科取士，江西萍乡刘凤浩得中探花。然皇帝见其独眼貌丑，意欲革除。出上联考刘，亮明身份。刘不卑不亢，从容对答下联。乾隆帝又出："独眼岂可登金榜？"刘对曰："半月依旧照乾坤。"帝念其真学，遂罢。

石榴笑了（郝兆祥摄影）

九棵韭菜，十个石榴

　　张恨水六岁入学私塾，一进私塾之后，张恨水就表现出了非凡的才气。他对文字有特别地敏感，特别善于对对子。有一次，老师出了一个上联："九棵韭菜"，张恨水灵机一动，想出了下联："十个石榴"。对于一个六岁的儿童来说，对联中有谐音，并不容易对上来，可见其聪颖。

果农喜摘丰收果（易言郁供图）

红榴（唐堂供图）

石榴戏谑联

　　"携锡壶，游西湖，锡壶坠西湖，惜乎锡壶；逢十六，卖石榴，十六遇石榴，实留石榴。"苏东坡游西湖时，他的丫鬟顺口说出的一联绝对："携锡壶，游西湖，锡壶坠西湖，惜乎锡壶。"苏东坡琢磨一晚上，终于对出下联："逢十六，卖石榴，十六遇石榴，实留石榴。"

会理首届国际石榴节（郝兆祥摄影）

叶姓宗祠通用联

王个簃（1897—1988）《石榴桂花》

"介节如山，显冠裳于累叶；清平似水，兆科甲于棉花。"

叶姓宗祠通用联。上联"累叶"指叶颙、叶涛。叶颙，官至参知政事。叶涛，历任秘书省正字、中书含人、光州知州、后以龙图阁特制提举崇禧观。王安石曾写诗赠他，有"冠盖传累叶"句。下联典指叶直、叶祖洽。叶直，字古愚，为官清而平。叶祖洽，字敦礼，历官校书郎、礼部郎中、左司郎中、中书舍人、给事中、吏部侍郎、洪州知州等。相传他中进士时，府学院中石榴树未到时令，先结两个果，人们都以为是祥兆。发榜时，果然叶祖洽第一，同郡的上官均第二。遂应"郡庠石榴、先结二实"之兆。

计用石榴花

"计用石榴花，祸酿甘露；身无丹凤翼，心有灵犀。"

唐宦官弑唐敬宗李湛，扶持本昂即位，是为文宗。文宗诡称石榴树上夜降甘露，以引诱宦官入官杀之，但被识破，密谋者均遭杀害，文宗被禁至死。史称"甘露之变"。

江寒汀（1903—1963）《石榴绶带》

煮熟石榴

　　隋朝山东的郑元昌，是个有权有势的人，平素喜欢不懂装懂。一天，他参加宴会，高踞首席，宴席很丰盛，还有许多水果。他不识石榴，但又不肯放下架子问人，装出内行的样子，连皮啃，只觉得又酸又涩，就对主人说："这个红馍馍，好像还未煮熟，你们得把它再煮一煮。"

石榴红了（高明绍供图）

小石榴张红嘴，笑谁？

汝南有位少年才子李本固，才华横溢，名重乡里。说他在县里进行童试，虽然文章写得好，本应是头名，却得罪了主考官，最后只得了第四名。在考试完主考官离开时，年轻的本固想戏弄一下主考，便跟他出城，并一路高喊"四名秀才李本固，送主考大人"。弄得主考心烦意乱，就想以对对联难倒他，便说，咱俩对对联，对上了，我还让你送，对不上，你就回。说着，主考官望着城南关一座砖塔，因塔顶有铁尖，便出一联："南关内铁钻钻天。"本固一乐，看路边菜园种的红萝卜，灵机一动，答："北门外金钉钉地。"

主考官见一村口大麻子叶伸到路边，又出一联："大麻子伸绿掌，要啥？"

本固一抬头，一家院落有石榴树结满红石榴，随口便答："小石榴张红嘴，笑谁？"

主考官禁不住大笑，从心里喜欢上了这个倔强的孩子。于是，在走到一座土岗前时，他向本固告辞："今日辞别黄土岗。"

本固随口又答："他年相逢白玉街。"说罢，拱手一拜，与主考官分手。

齐白石（1864—1957）《石榴》

李汝珍和沭阳的"石榴仙子"

沭阳石榴仙子（郝兆祥供图）

李汝珍学问渊博，精通音韵。自1795年起到1815年，二十年时间写成与《西游记》《封神榜》媲美的《镜花缘》一书，被现代人称作英国版的《格列弗游记》。创作《镜花缘》期间，李汝珍从直隶大兴来到海州板浦定居，因羡慕吕昌际的为人和才学，来到沭阳与之交往，探讨学问。李汝珍和吕昌际探讨学术时，大都会把任过沭阳知县的卫哲治请来作陪。一年孟夏之际，三人又聚到一起，谈论起李汝珍正在创作的《镜花缘》，卫哲治问李汝珍是否应该为沭阳写点什么。李汝珍一边品茶，一边指着窗外正在盛开的红如烈火般的石榴花说："送沭阳一位石榴仙子怎么样？"这可能就是在《镜花缘》一书中有所描述，现在矗立于沭阳县城里的那位神采飞扬的石榴仙子了！

卫哲治说过：人人都会有朋友，就连秦桧都有"三个朋友"。人以群分，物以类聚，很多朋友大多是以臭味相投。真正的挚友却很少，能够像李汝珍、吕昌际、卫哲治在一起探讨学术研究问题的实在不多。

石榴花塔

湖北武汉市汉阳公园，石榴花树掩映着一座寻常小塔，外呈方形，高约4米，三层六面，俱为青石砌成，第二层的碑文，字多泯灭，不易辨认，这就是石榴花塔。塔与佛家寺庙并不相干，却镌刻着一段久远的凄美冤情，也同一位潮籍官员黄一道联系在一起。

黄一道，字唯夫，号月溪，潮州府揭阳县蓝田都上阳村人。年少时便进入揭阳县学发奋攻读，后考中弘治十七年（1504）举人，正德十五年（1520）又一举而成庚辰科进士，职授户部主事，累官至福建兴化府知府。嘉靖元年（1522），黄一道奉命南下湖广汉阳主管粮储事务，日有余暇。时任江西道监察御史的朱衣跟黄一道是同年进士，于是克尽地主之谊，相伴吟咏游乐。有一日信步逛到西门外石榴花塔前，目睹着岁久年深而显得颓败的残容，黄一道不免询问来历，于是亲耳听闻了一个近乎湮没的陈年传奇。

南宋的时候，汉阳有一守寡妇人，服侍家婆尽心至孝。有一天杀鸡做菜，家婆吃后却忽然不明而死，于是平地风波立生，小姑一怒告到官府，控诉嫂子故意毒杀其母，官吏昏聩只知严刑逼供，妇人无从辩解以洗脱罪名，最终被判刑处斩。押赴刑场之际，想着弱质之身无辜冤死，妇人折下石榴花一枝，仰天悲愤发誓道"妾果毒姑，此花即枯；若枉妾命，此花复生"，随手将其插于石头缝隙之间。过后石榴花果真枝繁叶茂，硕果累累，时人都为此感到悲戚不平，无不说是上苍动容，替其昭示冤情，遂自发集资兴建石塔于花侧，作为一种迟来的无奈追思。

黄一道了解之后，并没有立马想到关汉卿的"窦娥冤"，反倒是同寇准的"雷阳之竹"相提并论，"惟草木无知者也，雷阳之竹与兹花若解人意焉"。当初寇准自道州司马再贬雷州司户参军，也曾于途中插竹神祠前，自言"心若负朝廷，此竹必不生；若不负国家，此竹当再生"，其后竹活笋生。草木本是无知无情，却又这样神奇若解人意，"盖

石榴花塔（郝兆祥供图）

忠孝之心通于神明，有默相之者矣"，似乎忠孝之心真可与天地神明契合相通，不禁使黄一道嗟叹良深。

实则，黄一道思虑更多的是，"莱公心事如天日，人得而知者，独死于奸邪。孝妇之冤，弗白于人而白于天"，寇准即便心如朗日，人尽皆知，也终不免落得个死于奸邪之手的下场；孝妇沉冤莫能辩白于人前，尽管苍天为之昭雪，又能挽回些什么呢？这让他对石榴花塔萌生了很沉重的寄托与期盼，"可以励人心而儆司刑者"，冀望通过极力宣扬这段传奇，劝勉世人之心，警醒官吏之行。于是主动积极有所作为，花了很大精力动员地方官吏修葺石塔，并欣然提笔亲手撰述《石榴花塔碑记》以阐明其志愿。

该碑石及后历遭沧桑，直到清代乾隆年间，汉阳知县王少林才偶然从一菜园觅得重立。石榴花塔在历史上也屡损屡修，1963年由当地部门从汉阳西门外迁移至如今的汉阳公园内。黄一道终究也仕途坎坷，在兴化任上遭罢归田，遂举家迁居揭阳县城西门。

奸诈狡猾的秦桧

　　据史载，秦相府中有一棵石榴树，此树不知得何灵气，所结果实个大、形美、籽甜，因而深得秦桧钟爱。每到收获季节，秦桧天天晚上都要如数家珍，点查清楚。一天早上，秦桧发现树上少了一个石榴，且惊且怒，却不动声色。他把全部仆人传唤过来，吩咐管家说："这棵树我不想要了，立刻把它除掉。"一仆人急忙上前劝阻说："千万不要除掉它，这棵树上的石榴非常好吃。"秦桧哈哈一笑，问仆人："是你偷吃了我的石榴吧？"这仆人抵赖不过，只好乖乖地承认。

吴昌硕（1844—1927）《石榴图》

玉皇庙石榴古树

高剑父（1879—1951）《石榴》

　　烟台玉皇庙历史悠久，古树很多，其中有200年以上的黄杨和冬青，后院那棵600岁的老石榴树，更引人注目。

　　俗话说夏日石榴红似火，而这棵老石榴树开的却是白花，结的也是白色果实。与这老石榴树相对的是一棵茁壮的小石榴树，它开的是红花，结的是红果红籽。它们一老一少，成为玉皇庙内的一景，被人称为"童叟奇观"。每年六七月，石榴花开，红白相间，分外妖娆美丽。到了石榴果实累累挂满枝头时，笑迎着游客，别有一番景色。

　　说起这棵苍老虬曲600岁的老石榴树，还有一段动人的故事：革命老前辈，不仅关心祖国人民的安危，也关心大自然草木的生存。1964年，有人想把这棵老石榴树砍掉。此时恰逢董必武副主席在烟台，得知有人要砍掉这棵历史久远的老树后，他感慨地说："这历经沧桑的老石榴树不能杀，留着让人们看看它是怎样一代接着一代活下来的，作为历史的见证。"就这样，董必武的一句话，600年的老石榴树得而复生。想必树木也有情，老石榴树为报答董必武的救命之恩，从此为迎接国内外的宾客而开花结果。所以今天我们还能再次欣赏到这"童叟奇观"的景致实属不易。

七贤石榴洞

　　七贤庵位于福建诏安四都梅山村渐山上，原系里人陈景肃读书处。后陈景肃与翁侍举、吴大成、郑柔、薛京、杨狄、杨士训等七人，因主张抗战反对投降而忤逆秦桧等权臣，被罢官，于南宋绍兴二十年（1150）回到此处种石榴林，筑草堂而进行讲学，称石榴洞。其好友朱熹、陈淳等曾前来聚乐赋诗。嘉靖二十二年（1543），经福建提督批准，将陈景肃等七人列为乡贤奉祀，奉祀的祠庙仍在石榴洞讲学旧址，称为七贤庵或七贤祠。庵于清嘉庆十八年（1813）重修。近年来又有修葺。庵坐东朝西，由前殿、两廊、天井、大殿组成。大殿面阔三间、进深三间，硬山顶，殿中大龛供两排木制神位，第一排为"宋徽国文公朱夫子之神位"，第二排即上述七人之神位。庵里存有：款署朱晦翁的朱熹题书"石榴洞"和"读圣贤书"木匾两块，陈景肃《石榴洞赋》全文刻碑等。

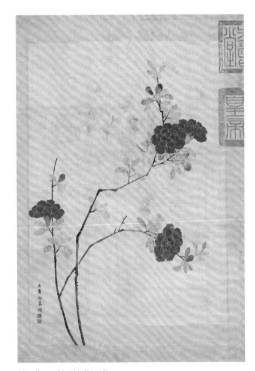

清 黄念《石榴花开》

石榴与金樱

　　新昌人把石榴叫作"金樱"，代代相袭，十分有趣，为什么将石榴叫成"金樱"？

　　《云麓漫钞》，宋笔记集，南宋赵彦卫撰。石榴改名为"金樱"，是在五代时。因为"浙人避钱氏讳"。钱氏者，吴越国王钱镠也。钱镠（852—932），字具美，小字婆留，杭州临安人。年轻时曾为私盐贩，后投军，成为军阀董昌手下一员部将。唐光启三

国家古石榴森林公园（吴成宝供图）

诗意榴花（刘宪法摄影）

年（887），钱镠为杭州刺史，乾宁三年（896），钱镠攻下越州，升为镇海、镇东两军节度使，治杭州。后又被唐朝封为越王、吴王。后梁开平元年（907），钱镠被后梁朝廷封为吴越王，正式成为割据东南的一方诸侯。

钱镠建立吴越国后，对内巩固统治，延承了一系列封建制度，避讳制度是其中之一。石榴改称"金樱"亦即其中一例。在古代，避讳制度十分严格，《公羊传·闵公元年》云："春秋为尊者讳，为亲者讳，为贤者讳。"这就确立了古代避讳的总原则。到了秦时，因为秦始皇名政，便改"正月"称"端月"。这是因为与正月之"正"同音，"《诗》'正月繁霜'，做'政'音呼。秦始皇以昭王四十八年生于邯郸，因名'政'，自后作'征'音呼。"到了唐代，我们知道的观世音菩萨为避唐太宗李世民讳，改称观音。神权竟让位于皇权，可见避讳制度之严。

《云麓漫钞》卷九主要涉及浙东历史、方言，如浙东河流及船工生活等，但主要是论述语音避讳、评价韵书等。如《云麓漫钞》卷九云："祥符间避圣祖讳，始改玄武号为真武。"是宋为避圣祖玄朗讳。说的是宋时因避讳，将道教人物中"其像披发，黑衣，仗剑，踏龟蛇，从者执黑旗"的玄武大帝改为真武大帝。而石榴也正是因"避钱氏讳"，石榴的榴和钱镠的镠同音，所以浙人"改刘为金"，将"果有石榴，呼曰金樱"了。又据《吴越备史》《元史儒学传》等所载，西汉时项伯受赐刘姓，其后裔在唐末五代时，吴越国开国之王钱镠的"镠"与"刘"为同音字，为了避嫌，便将吴越国中的刘氏改为金氏。

石榴多情，约住窗风同醉月

　　"石榴多情，约住窗风同醉月；海棠贪睡，不解春酒可销魂"。这是清代流传下来的一首中秋赏月对联，上联以应时的石榴果入题，联中用一个动词"约住"，恰到好处地使多情的石榴活了起来。

　　"弯腰桃树倒开花，蜜蜂仰采；歪嘴石榴斜张口，喜鹊横畈。"这是清代文人周起渭应对之作。上联以自然界离奇的现象为题，桃花向下开放，蜜蜂向上采蜜，下联也对以同样不多见的情况，石榴斜着长，而喜鹊却要横着吃。上下联展示了一幅别有情趣的自然画卷。

（黄桂华）

齐白石（1864—1957）《石榴蜜蜂》

药食同源的石榴

石榴药食同源，民国名医张锡纯非常善于用石榴治病。

话说当年张锡纯在老家的时候，邻村有个妇女，姓张，已经四十多岁了，"素患肺痨咳嗽"，当时怀疑是肺结核，叫肺痨，总之是咳嗽，已经有好几年，晚上一个劲咳嗽睡不好觉，无论服用什么药物，都没有效果。但是，有一天晚上，这位妇女服用了一种水果，居然感觉晚上的咳喘见轻，她很奇怪，于是就开始每天晚上服用这个水果，结果"喘咳日轻一日"，连服三个月，竟然不再咳嗽了。

张锡纯这个好奇啊，这是什么水果呢？于是马上去问，结果，这位妇女服用的水果，就是石榴。这也让张锡纯很开眼界，于是，后来他对石榴进行了广泛的总结，并且在临床中经常应用石榴，石榴也成了张锡纯非常善于使用的一个药物。

张锡纯认为石榴这个药物："其性微凉，能敛肝火，保合肺气，为治气虚不摄肺痨喘嗽之要药。""若连皮捣烂煮汤饮之，又善治大便滑泻，小便不禁，久痢不止，女子崩带。"

因为张锡纯见识到石榴的作用，是从治疗咳喘开始的，所以后来他非常善于使用石榴。比如，有这样一个张锡纯用石榴治疗咳喘的医案。

周姓叟，年近七旬，素有劳疾，而且，这位还有个不好的爱好，就是抽大烟，结果身体当然就没法儿好了。这年的秋天，他患了外感的温病，是个阳明腑实之症，脉象非常数弱，但是没有力气，咳喘，同时痰很多，而且很黏稠，张锡纯给开了方子，是他的拿手方子，白虎加人参汤，用了一剂，热就退了，但是仍然咳喘，而且气息微弱，感觉这个气儿，像是接不上了似的。

这时候病人的家属吓坏了，认为这个年龄这么个症状，估计没好了。"且谓如此光景

姐妹情深（唐堂供图）

一枝独秀（刘志升摄影）

石榴入菜（唐堂供图）

难再进药。"张锡纯说："此次无需用药，寻常服食之物即可治愈"。于是，开了方子：生山药一两半、酸石榴汁六钱、甘蔗汁一两、生鸡子黄四个。方法：山药熬汁，然后后三味，兑入山药汤中，分三次服下。

病人家属一看，确实是平常之物，那就试试吧，于是就服用了。

结果，服用两次，这个病就痊愈了。

这个方子就是张锡纯创立的一个方子，叫宁嗽定喘饮。

在这里面要提醒大家，张锡纯反复说，如果使用，必须用酸石榴才可以，甜的效果不好。

同时，张锡纯还用酸石榴来治疗某些腹泻。

当时，张锡纯有个徒弟叫高如璧，这个高如璧的父亲有一次患了泄泻，向张锡纯求方，张锡纯告诉他，可以用酸石榴，连皮捣碎，煮水来喝。高如璧的父亲就按照张锡纯的方法服用了，结果效果非常好。

（罗大伦）

冠裳累叶第，科甲榴花香

　　"冠裳累叶第，科甲榴花香。"此联为叶氏宗祠"南阳堂"的堂联。上联典指北宋叶涛，宋代处州龙泉人，熙宁年间登进士乙科，后以龙图阁侍制提举崇禧观，任直学士时王荆公赠诗中有"盖传累叶"之句。下联典指北宋叶祖洽，邵武人，熙宁初年登进士，时郡庠一石榴树未到时令，先结二实，人谓吉祥。榜发祖洽为第一，同郡上官均列第二，遂应"郡庠石榴，先结二实"之兆。同样的，叶姓宗祠也有四言通用对联"石榴应兆，累叶传芳"，太湖叶氏人家喜贴对联"奕叶家声远，双榴世泽长"及"双榴堂"的堂号，应该也是源于此典。

年画《石榴 桃子》

棋盘村的"村树"

明 徐渭《榴实图》

　　安徽省绩溪县上庄镇棋盘村，原名叫石家村。村中的石氏宗族是北宋开国功臣石守信的后裔。该村建于明初，始祖石荣禄为安葬其父，求访风水之地。见此地风水颇佳，于是葬父庐墓于此，后来逐渐形成颇具规模的村落。村子虽小，但有很多特色。一是全村房舍、道路等整体为棋盘式布局，相传是石家以战功起家，模拟行军大营格局的缘故，又有一说是象征远祖石守信与宋太祖对弈的情形。二是家家户户遍植石榴树，象征石姓，以示怀念祖先，不忘祖先，同时寓意石姓发达繁盛。可以说，石榴是其"村树"。三是全村所有房舍和宗祠、厅屋均坐南向北。因为远祖石守信籍隶河南开封，而河南石姓发祥地甘肃武威，均在北方。为纪念祖辈，怀念故土之意。棋盘式布局也好，遍植石榴也好，房舍向北也好，无不表达石氏宗族的一种怀念，同时也是一种希冀与期盼。随着旅游的开发，现在的棋盘村，早已是安徽有名的古村落旅游胜地。

"榴花源" 传说

　　传说闽县东山有榴花洞，唐代永泰年间，有个樵夫叫蓝超，遇见一头白鹿，一直追到榴花洞口。洞门极窄，进入深处，豁然开朗，内有鸡犬人家。蓝超见一老翁，说是避秦时难来到此地，并劝他也留下，蓝超说回去辞别妻子再来，老翁临别时赠予石榴花一枝。蓝超出来后像是做了一场梦，不久再欲前往，但已不知洞在哪里。这个故事颇类似陶渊明作的《桃花源记》，虽说如此，却也表明古人心目中也许因爱石榴而想塑造一个"榴花源"的理想境界。

'秋艳'石榴丰收（郝兆祥摄影）

抢石榴

　　在澄海区上华镇龙美（俗称陇尾）村，每逢农历正月十八，都要举办一年一度的抢石榴民俗活动。这一民俗活动的由来在当地流传着这样一个故事：清朝年间，程洋岗有一对新婚夫妻，耳闻龙美之抢石榴得子颇为灵验，即托其斗门的挚友代为抢石榴。农历正月十八当天，其好友果真抢得一颗石榴，但由于天色已晚，只能次日再为其送去石榴。到了第二年，斗门抢石榴者得一子，而程洋岗的夫妻却生一女。自此，那些祈求新年平安添丁的善男信女就在农历正月十八游神的路线上摆桌子供奉神像，待神像游到桌子旁边，就上前摘取石榴或榕树枝叶，新年如意，早得贵子。如今，到龙美神庙抢石榴的各地朋友也日渐增多，逐渐形成一项大众化的民俗活动。

石榴王（高明绍供图）

多情黄娥咏石榴

　　黄娥，明代女文学家，字秀眉，四川省遂宁市人。杨慎之妻，世称黄安人、黄夫人。自幼博通经史，能诗文，擅书札。政德十四年（1519）与杨慎结婚不久，慎镇守云南，长达30年之久，长期留居夫家新都区，管理家务。在天各一方的离别期间，以《寄外》诗闻名当世。又工于散曲，在明时已有刊本《杨升庵夫人词曲》5卷，又有《杨夫人乐府》，但其中多与杨慎《陶情乐府》所收者相混。后人将两人之作合编为《杨升庵夫妇散曲》，风格缠绵悲切，有"曲中李易安"之誉。她博通经史，擅制词典的才名为艺林传颂。丈夫状元郎杨慎对自己妻子的才学叹赏之极而致于崇拜，称黄娥为"女洙泗（女孔子），闺邹鲁（女孟子），故毛语（女毛公）。"

　　杨升庵原配夫人亡故，第二年在新都桂湖之滨的榴阁，同她结婚。这二人婚后和睦，一起吟诗作对，他们在湖滨榴阁前，共同种下象征幸福的石榴树。多情的黄娥，还写下了充满炽热爱情的《庭榴》诗：

> 移来西域种多奇，槛外菲花掩映时；
> 不为深秋能结实，肯于夏半烂生姿。
> 翻嫌桃李开何早，独秉灵根放故迟；
> 朵朵如霞明照眼，晚凉相对更相宜。

　　身为续弦继室，所以说不与桃李争春，只说自己像火红的石榴花，仲夏五月才开放。花开虽迟，却是喜得状元结为连理，对生活充满了信心，实属蕙质兰心。

芮城九峰山无根石榴

　　传说明朝万历皇帝的母后生了病，请了无数名医都没治好，万历皇帝急得坐立不安。某夜，其母做了一个梦，梦见一个神人告诉他说："要治好你的病，得吃无根石榴"。万历皇帝便张挂皇榜，昭示天下，寻找无根石榴。后有一道人在中条山九峰山上觅得无根石榴，献于母后，母后病体痊愈，便命人大修九峰山上纯阳上宫，以谢神恩。

云南省万亩石榴庄园（唐堂供图）

文成公主妙用石榴花

　　贞观十五年，唐太宗将文成公主嫁给吐蕃王松赞干布。吐蕃王特地从拉萨赶到青海迎接，不料一路上鞍马劳顿，腿肿生疮难行。文成公主见后，随即查阅所带之医书，并在路边山中采得石榴花，命随身医生捣烂外敷，结果松赞干布腿肿很快消散，疮口也很快痊愈。

雨后榴园（洪晓东摄影）

冠世榴园

　　石榴引入中国初期，主要栽植于新疆南部、陕西临潼等地，后来逐渐推广至全国各地。与临潼古石榴园相媲美的是山东省枣庄市峄城区的"冠世榴园"。据考证，汉丞相匡衡在成帝时，将石榴从皇家上林苑带出，并引入其家乡丞县（峄城区）栽培，已有2000余年。目前，现存石榴古树群面积1.2万亩，百年以上石榴古树2万余棵，其石榴树之古老、古树之多、资源之丰富，集中连片面积之大，为国内外罕见。2001年被上海吉尼斯总部认定为世界之最，誉为"冠世榴园"，先后被评为"中国石榴之乡""山东古石榴国家森林公园""中国第六批重要农业遗产"，建成了国家AAAA级风景旅游区、峄城区石榴盆景园、国家级石榴林木种质资源库、中国石榴博物馆。在全国七大石榴主产区中，峄城处于全国适栽区域的最北端，冬季气温最低。由于深秋骤然降温、冬季寒冷、春季倒春寒的危害，石榴古树相比较其他主产区来说更容易感受冻害，主干多呈逆时针扭曲，主干树皮片状剥落，更有古树、大树的味道，使其更具自然和文化双重价值，所以峄城区的石榴古树、大树花、果、叶、干、根俱美，造型奇特，风格迥异，欣赏价值极高。

　　"冠世榴园"是一片神奇的古榴园，之所以说它神奇，就在于它和陕西临潼、河南荥阳等石榴产地丰富的历史记载相比，古代文献记载寥寥无几。历史最早的记载是明万历年版的《峄县志》，记述峄地有果木二十有一，枣、石榴等尤佳他产，行贩江湖数千里，山居之民皆仰食焉。其他文献记述也不多，散见于当地明、清文人的诗文中。《山东省志·林业志》记载："汉成帝时，丞相匡衡即将石榴引种到家乡峄县一带。"但这一观点因缺乏历史文献记载的支撑，在学术界颇有争议。但无可争议的是，这片壮观的榴园饱经风霜，它历经千年沧桑，经历了许多兵荒马乱、饥寒交迫的岁月，无论朝代怎样更迭，事实上却仍然顽强地默默地生长在这片山坡上。它在何时、从何地而来？有谁引来？怎么而来？如何发展到这么大的规模？仍然像一个神奇的巨大的谜团，还要后人继续去探索。之所以说它神奇，在青壮期它是群众的"摇钱树""致富树"，在衰老暮年期，它会在能工巧匠手里"凤凰涅槃"般变身为盆景盆栽和若干工艺品，正是这些"园艺工匠"的峄城人，托起了国内规模最大、水平最高的石榴盆景盆栽产业。

"美木艳树，谁望谁待"。在峄城人眼里，石榴树不仅是一种经济价值很高的果树，也是一种美丽的观赏植物，更是一种寓意吉祥、沉淀厚重的文化植物。他们知道如何保护、创新、利用好这一神奇的古榴园，如何在石榴产业链不断拉长的今天，让石榴花开得更艳、石榴果传得更远，重新让石榴树焕发新的活力。

"冠世榴园"一角（张海平摄影）

峄城"冠世榴园"风景名胜区（李秀平摄影）

冠世榴园（袁晓荣摄影）

石榴盆景之都——峄城区

　　石榴花、果、叶、枝、干、根均可供观赏，不仅具有多方面的观赏特征，而且寓意多子多福、团圆美满等，是中国最受欢迎的文化植物、吉祥植物之一，因而石榴盆景盆栽深受社会各个阶层群众的喜爱，具有广泛的群众基础。

　　峄城石榴盆景起源何时尚无定论。明代兰陵笑笑生著《金瓶梅》中就有多处关于石榴盆景、盆栽的记叙。嘉庆年间，石榴盆景作为艺术品出现在县衙官府及绅士、富豪家中。自二十世纪八十年代始，峄城部分盆景爱好者，以生产淘汰下来石榴树为材料，开始创作石榴盆景。至二十世纪九十年代中后期，石榴盆景，盆栽研究、制作呈蓬勃发展态势，逐步形成商品化生产，成为我国现代石榴盆景、盆栽产业之开端。发展到现在，已经成为国内生产规模最大、水平最高的石榴盆景产地与集散地。年产石榴盆景约5万盆，在园盆景总量超过30万盆，其中精品盆景近万盆。从事产业人员达4000余人，盆景大户400余户。

　　历经40余年的发展，就规模、水平而言，峄城石榴盆景已经超越了国内其他盆景流派，成为国内石榴盆景艺术最高水平的代表，先后在国际、国内园艺、花卉展览会上获得金、银等大奖500余项。1990年，在第十一届亚运会艺术节上，盆景《苍龙探海》（杨大维创作）获二等奖。全国政协副主席程思远挥笔题下"峄城石榴盆景，春华秋实，风韵独特，宜大力发展"的题词。1997年，在第四届中国花卉博览会上，盆景《枯木逢春》（杨大维创作）获金奖，这是峄城石榴盆景首获国家金奖。1999年，在昆明世界园艺博览会上，盆景《老当益壮》（张孝军创作）获金奖，也是山东代表团获金奖的唯一盆景作品。2008年萧元奎培育的《神州一号》等29盆石榴树桩盆景，被北京奥运组委会选中，安排在奥运主新闻中心陈列摆放、展示。同年，"峄城石榴盆景栽培技艺"被列入枣庄市

《汉唐丰韵》（张忠涛创作）

非物质文化遗产保护名录，杨大维被枣庄市人民政府确定为代表性传承人。2009年，在第七届中国花卉博览会上，盆景《凤还巢》（萧元奎创作）、《擎天》（张勇创作）均获金奖。2012年在第八届中国盆景展览会上，盆景《汉唐风韵》（张忠涛创作）获金奖。2013年，"峄城石榴盆景栽制技艺"被山东省列入非物质文化异常保护名录。2016年，在第九届中国盆景展览会上，石榴盆景《天宫榴韵》（张忠涛创作）获金奖。2019年，在中国世界园艺博览会盆景国际竞赛上，盆景《历沧桑》（张忠涛创作）、《奔腾》（王鲁晓创作）荣获金奖。这是峄城区盆景继1999昆明世界园艺博览会首获世界金奖之后，再次获得世界金奖的殊荣。2020年，在第十届全国盆景展中，张忠涛的《历尽沧桑》获得金奖。部分石榴盆景精品还走进了全国农展馆、北京颐和园、上海世博会等大型活动现场，这些都标志着峄城石榴盆景艺术、管理水平达到了国际国内领先水平。

峄城石榴盆景产业在党委、政府高度重视，有关部门倾力支持下，在山东省盆景艺术大师杨大维等带动下，历经40余年，实现由零星生产到形成商品化、由低水平到高水平的转变，同时也涌现出在国内盆景界有一定知名度，以萧元奎、张孝军、张忠涛等为代表的一大批盆景艺术工作者。萧元奎等13名石榴盆景艺术工作者获"山东省盆景艺术师"称号，钟文善等8名石榴盆景艺术工作者获"枣庄市十佳花艺大师"称号。林业、果树、园林、农业部门通过花卉协会、盆景协会、林学会、农学会等平台，积极组织参加国内外各级展览会，加强展览、展示、合作、交流和宣传，同时出台措施有效推进石榴盆景商品化进程，促进了盆景艺人技艺水平和盆景盆栽产业水平的提高。林业、果树、盆景艺术工作者编著、出版了《石榴盆景制作技艺》（王家福等编）、《石榴盆景造型艺术》（陈纪周等编）、《追梦——张忠涛盆景艺术》（张忠涛编著）等专著，发表相关文章100余篇。舍利干制作、花果精细管理、老干扦插、老干接根等技术在生产中得到广泛推广、应用。使峄城石榴盆景、盆栽，无论从制作手法上，还是养护技术上，始终保持着国内石榴盆景、盆栽技术的最高水平，引领着中国石榴盆景产业的发展方向，成为我国园林艺术的瑰宝和山东省花卉盆景、文化产业发展中最靓丽的一张名片。

《老当益壮》（张孝军创作）

丰收的季节（邵泽选摄影）

峄城区万景园石榴盆景园（张孝军摄影）

附录

国外石榴传说

神奇的石榴

从前，三兄弟相约闯世界，每人去一个国家，十年后见面时都要带回来一件奇珍异宝。

大哥向东走，很快就来到一个魔术小镇，在那里魔术师、杂技演员到处都是，其中有个魔术师拥有一块神奇的玻璃，透过玻璃可以看到世界各地。

大哥暗想："如果买下这块玻璃，弟弟们谁也没法和我比。"一开始魔术师死活不肯卖，但耐不住大哥死磨乱缠，经过多次讨价还价，最后还是把神奇的玻璃卖给大哥。

二哥往西走，无论到什么地方，他的眼睛总是睁得圆圆的，生怕遗漏了什么宝贝。

一天他遇到一个商人在挥泪叫卖："看哪，多漂亮的地毯，来晚就没有了。"二哥上前一看，发现地毯下面居然自己会动，觉得很好奇，于是问商人，商人示意他弯下腰，然后趴在他耳边悄声说："这是块魔毯，买下它吧，只要你说个地方，魔毯很快就会达到。"

二哥一下子就被吸引住了，他讨价还价买下魔毯，心里很满意。

小弟弟向南走，每到一地方，他都四处旅游寻找宝贝，其中一个国家以茂密的森林闻名，其中一棵树很特别，树林里很多奇花异草都缠绕在它的树干上，树上开满橙红色的花，漂亮极了。弟弟再走近仔细观察，发现树上只结了一颗石榴。

"太奇怪了，这么大的石榴树只结一颗石榴！"他好奇地把这颗唯一的石榴摘下来，这时候更神奇的一幕发生了，一颗新石榴又在原处长出来。"这真是棵宝树，永远摘不完，但是石榴再生的秘密是什么呢？小弟弟始终想不明白。

小弟弟仔细研究手中的石榴，"太漂亮了！"他想，"这颗石榴镶嵌在所罗门王的皇冠上都可以！"他觉得自己获得了无价之宝，转身准备回家，刚走出两三步，当他回头想再看看这棵神树的时候，那颗石榴树消失得无影无踪。"这个石榴更神奇、更珍贵了，我一定带回家给哥哥们看看。"

十年过去了，三兄弟如期见面，大家都迫不及待地拿出自己的宝贝，准备好好比试一下。

大哥说："有了我这块神奇玻璃，我就是千里眼了，世界各地都能看见。"于是他举起玻璃，他看到，在一个遥远的国度，年轻的公主正卧病在床，奄奄一息。

二哥说："快点坐上我的魔毯，我们马上飞到那里救公主！"眨眼工夫，三个兄弟便来到那个遥远王国。

在金碧辉煌的宫殿里，公主有气无力地躺在病床上，所有的御医都束手无策，国王悲痛欲绝，看来公主没有希望了。无奈之下国王诏告天下："谁救活我的女儿，我把公主嫁给他，再分给他一半江山！"

小弟弟小心翼翼问道："我可以试试吗？"国王同意了，并很快就把他领到公主的闺房里。

他静静地坐在公主身边，从口袋里掏出石榴，然后小心掰开，把里边鲜红多汁的石榴籽塞进公主的樱桃小口里，不一会，公主脸色慢慢红润起来，又重新恢复了体力，接着从床上坐起来，神奇般康复如初。

国外石榴基地（李好先摄影）

以色列器物（汪钰莹摄影）　　　　石榴雕塑（宋斌摄影）

　　国王喜出望外，他拥抱着心爱的女儿，回头向三兄弟宣布："我要按照约定，将公主嫁给救她的人！"

　　三兄弟开始争吵，每个人都说自己应该迎娶公主。

　　大哥说："如果没有我的神奇玻璃，谁也不知道公主生病的消息，所以我先发现的，我应该娶公主。"

　　老二说："大哥说的不对，要不是我的魔毯，咱们赶过来需要半年时间，那时候公主早死了，所以我应该娶公主。"

　　小弟弟说："公主吃了我的神奇石榴才治好的，所以我应该娶公主。"

　　就在三兄弟争论不休的时候，国王让公主自己选择如意郎君。

　　公主说："我要问每个人一个问题后再做决定。"

　　她问大哥："给我治病后，你的神奇玻璃有变化吗？"

　　大哥回答说："我的神奇玻璃毫发无损，还可以看到世界各地。"

　　公主然后问二哥："你的魔毯受影响吗？"

　　二弟的答案和大哥一模一样。

　　最后问小弟弟："你的石榴呢？"

　　小弟弟说："公主，我的石榴不再完整，因为有一半送给你了。"

　　公主对着三兄弟说："我要嫁给小弟弟，因为他舍弃了自己的宝贝。"国王和哥哥们都被公主的智慧折服了。

　　不久国王为小弟弟和公主举办了最奢华的婚礼，同时请三个兄弟帮助他治理天下。

（王岩翻译）

石榴与春夏秋冬的传说

　　高贵完美的处女座有一个美丽动人的传说，这个传说是关于一个少女的，传说这个少女是天秤座天秤的持有者、正义女神的女儿，少女是春天里的灿烂女神，叫作泊瑟芬，这个正义女神也被称为收获女神，她掌管着人间一切谷物的播种与收获，她叫作狄蜜特。传说狄蜜特的手里总是拿着一个成熟的麦穗，美丽典雅。今天这个传说讲的就是母亲狄蜜特和女儿泊瑟芬的故事。

　　在很久很久以前，伟大的收获女神有一个漂亮可爱的独生女儿叫作泊瑟芬，泊瑟芬长着金黄色的头发，碧蓝色的眼睛，小小的嘴巴，很惹人喜爱。在广阔无垠的大地上，只要是泊瑟芬小脚踏过的地方，都会长满鲜艳的花朵，所以人们都把泊瑟芬叫作春天里的灿烂女神。有一天，泊瑟芬自己在一片花圃里摘着花，走着走着她忽然发现一朵非常漂亮的银色水仙花，这朵水仙花娇艳欲滴，泊瑟芬说我从来没见过这么漂亮的花啊，它比我见过的所有的花都漂亮。于是泊瑟芬慢慢地向这朵水仙花靠近，想把它采摘回家。就在泊瑟芬马上就要碰触到这朵水仙花的时候，地面上忽然一声轰响，大地随即裂开了一条很大的缝隙。这时缝隙里出现了一个由四匹黑马拉着的一个金黄色的马车，马车上坐着的就是可怕的地狱之神冥王。泊瑟芬吓坏了，冥王说美丽的公主你不要怕，我是来接你回去当我的妻子的。原来冥王听说春天里的灿烂女神泊瑟芬长得非常漂亮，所以一直垂涎泊瑟芬的美色，一直想找机会抓到她。瑟瑟发抖的泊瑟芬誓死反抗，向远方跑去，一边跑一边呼唤着自己的母亲，但是柔弱的泊瑟芬怎么会跑得过冥王的马车呢？她最后还是被冥王抓住强行拉上了马车，马车一路飞驰向地狱驶去。冥王走后大地又恢复到原来美丽的花圃，地上的缝隙也消失了，好像一切都没有发生过。只有泊瑟芬呼唤母亲的声音仍然回荡在整个山谷海洋之间，微弱而悲伤。

这个悲鸣的呼叫声传到了正在田间劳作的泊瑟芬的母亲狄蜜特的耳朵里，狄蜜特听见女儿的呼叫声急坏了，她放下了手里正在耕种的谷物开始拼命地奔跑起来，狄蜜特漫山遍野地寻找，却怎么也找不到女儿的身影。就在狄蜜特急切地寻找泊瑟芬的时候，遇见了伟大的太阳之神赫利俄斯，太阳之神看见焦急的狄蜜特在寻找女儿，就把他看见冥王抓走了泊瑟芬的事告诉了狄蜜特。狄蜜特非常担心和难过，就命令冥王放了自己的女儿泊瑟芬，但是冥王还是不打算放了泊瑟芬。狄蜜特悲痛欲绝，从此不再耕作，于是地上所有的植物都不再长出新的果实，并且全部枯萎而死。这件事让宙斯感到很为难，因为冥王抓走泊瑟芬的事情宙斯也参与了。原来其实冥王喜欢泊瑟芬但是却并不知道泊瑟芬在哪里，是宙斯告诉冥王泊瑟芬在花圃里，并且唆使冥王抓走泊瑟芬的。引诱泊瑟芬的那朵水仙花也是宙斯安排的，所以说宙斯是冥王的共犯。但是宙斯是伟大的万物之神，他看见人间粮食谷物全部枯萎人们即将饿死，所以他不得不命令冥王放了泊瑟芬。宙斯对冥王说放了泊瑟芬吧，把她还给她的母亲，没有想到的是冥王竟然同意了。

　　冥王对泊瑟芬说你可以回到你母亲的身边了，不过回去的路途很遥远，我送给你四个石榴，你在路上如果饿了就把石榴拿出来吃了吧。于是泊瑟芬离开了地狱，开始走在回家的路上。泊瑟芬走啊走啊，好不容易走到了地上面，泊瑟芬又渴又饿，于是她想起了冥王送她的那四个石榴，就把石榴吃掉了。狄蜜特知道自己心爱的女儿已经被冥王放了并且正走在回家的路上，她非常高兴，因为狄蜜特心情喜悦，所以地上所有的植物都开始复活，粮食谷物也开始成长，大地瞬间又被绿色的植物所覆盖，一片生机勃勃。泊瑟芬终于又和自己的母亲相见了，她们紧紧地拥抱着，非常高兴。泊瑟芬把自己吃了冥王给的四个石榴的事情告诉了她的母亲，她的母亲很惊慌，原来，人间的神是不能吃地狱的食物的，如果一旦吃了地狱的食物，那就必须得永远待在地狱，不能再回到人间了。狄蜜特很难过，于是去找宙斯，这个规定是宙斯立下的，但是迫于狄蜜特的压力宙斯决定改变一下这个规定。

　　宙斯说泊瑟芬一共吃了地狱四个石榴，一个石榴的生长期为一个月，四个石榴一共是四个月，所以泊瑟芬每年必须在地狱生活四个月，剩下的八个月才可以和她的母亲狄蜜特生活在一起。狄蜜特听到这个消息还是很难过，因为她实在是太爱自己的女儿了，她甚至不舍得和自己的女儿分开一天。于是，每年泊瑟芬回到地狱的这四个月狄蜜特也隐藏起来，并在这四个月里不再耕作。为此，只要是大地结满冰霜，万物都不再生长的时候，人们就知道泊瑟芬又去了地府。于是人们开始等待，等到泊瑟芬回来，万物才又开始复苏，人们才能耕作。这也是最早春、夏、秋、冬的来历。

（杨冰心翻译）

石榴花的花语及传说

石榴（宋斌摄影）

土耳其市场石榴器物
（侯乐峰摄影）

石榴花花语是成熟的美丽。喜欢此花的你有着朴实无华的生活方式，给人一种老气、过时的感觉，但不要紧，这只是平庸者的一般见识。懂得追求人生真、善、美的人，才是真正懂得生活的人，别让闲言碎语影响你的人生目标。

芙蕾雅，北欧神话中美与爱之神，涅尔德的女儿；夏日化身奥都尔的妻子；她内心充斥着儿女情长缠绵的爱，同时也伴随着战士们英勇无畏的精神。她曾领导着勇敢的女武神瓦尔基里们，在硝烟弥漫战场上，挑选人类世界的英灵，将其安置在瑟斯瑞尼尔大宫。

随着时间的流逝，奥都尔渐渐厌倦了和芙蕾雅一起的生活，独自离开居处，再也没有回来。从此之后，芙蕾雅一人孤独地守在家中，伤心落泪；她的泪水滴在石上，石为之软，滴在泥中，深入地下化为金沙，滴在海里，则化为透明的琥珀。

经过了无数个日夜，仍不见奥都尔回来，芙蕾雅最终独自出门寻找；她走遍了世界各处，伤心的眼泪伴随着她寻找的每一个日日夜夜，因此世界各处地下都有黄金。后来，终于在阳光照耀的南方安石榴树下，芙蕾雅找到了奥都尔，那时芙蕾雅的快乐就像新娘一样，无比的甜蜜。

为纪念这安石榴，直至今日，北欧的习俗，新娘都是戴上安石榴花的。

（liman123翻译）

九子母神的传说

　　九子鬼母，也称鬼子母神，梵文音译为河梨帝母。

　　鬼子母神——护法二十诸天之一，又称为欢喜母或爱子母。古代王舍城有佛出世，举行庆贺会。五百人在赴会途中遇一怀孕女子。女子随行，不料中途流产，而五百人皆舍她而去。女子发下毒誓，来生要投生王舍城，食尽城中小儿。后来她果然应誓，投生王舍城后生下五百儿女，日日捕捉城中小儿喂之。释迦闻之此事，遂趁其外出之际，藏匿她其中一名儿女。鬼子母回来后遍寻不获，最后只好求助释迦。释迦劝她将心比心，果然劝化鬼子母，令其顿悟前非，成为护法诸天之一。

　　九子鬼母又名"暴恶母""欢喜母"。在中国民间将她当作送子娘娘供奉。在佛寺中，造像为汉族中年妇女，身边围绕着一群小孩，手抚或怀抱着一个小孩。但是在日本，九子鬼母是其中一个爱神的代表，九子鬼母中译名诃梨帝母。在日本大多称作鬼子母神。被认为是印度的财富之神俱比罗的妻子或母亲。丰产、母性的象征，据说哺育多达五百个孩子。

　　关于那个感人的故事，应该就是佛把鬼母的孩子藏起来，鬼母哀求佛把孩子还回来，佛说："你有五百个孩子，少了一个还这样哀伤。别人只有一个孩子，你还把他们抢来吃掉，别的母亲会怎样哀伤呢？"于是鬼母忏悔，不再作恶。

主要参考文献

曹尚银，侯乐峰，2013. 中国果树志·石榴卷[M]. 北京：中国林业出版社.

郝兆祥，赵亚伟，丁志强，2019. 中国石榴文化[M]. 北京：中国林业出版社.

贾芝，1991. 中国新文艺大系 1949-1966 民间文学集[M]. 北京：中国文联出版公司.

李焕俭，2008. 怀远石榴[M]. 北京：大众文艺出版社.

刘贵斗，程君灵，2016. 石榴楹联[M]. 北京：人民日报出版社.

宋新建，2009. 河阴石榴[M]. 北京：中国文联出版社.

汪澎，李本刚，刘凤辰，1991. 珍闻趣事由来[M]. 北京：中国城市出版社.

《艺术天地》编辑部，1986. 石榴园的传说[J]. 艺术天地(142)：2-21.

苑兆和，吕菲菲，2018. 石榴文化艺术与功能利用[M]. 北京：中国农业出版社.

张壮年，张颖震，2009. 中国市花的故事[M]. 济南：山东画报出版社.

赵永红，2001. 能歌善舞的维吾尔族[M]. 北京：北京语言文化大学出版社.